NOUVEAU CHOIX

DE

TOURS DE PHYSIQUE

ET DE CHIMIE AMUSANTES

NOUVEAU CHOIX

DE

TOURS DE PHYSIQUE

ET DE CHIMIE

AMUSANTES

FACILES A EXÉCUTER

PARIS

LIBRAIRIE THÉODORE LEFÈVRE ET Cie
ÉMILE GUÉRIN, ÉDITEUR
2, RUE DES POITEVINS

NOUVEAU CHOIX DE TOURS

DE

PHYSIQUE ET DE CHIMIE AMUSANTES

PREMIÈRE PARTIE
PHYSIQUE

CHAPITRE PREMIER
EXPÉRIENCES RELATIVES A LA PESANTEUR, A L'ÉQUILIBRE ET AU CENTRE DE GRAVITÉ.

Expériences à faire à table.

1. — Versez de l'eau dans un verre (inutile de

Fig. 1.

le remplir jusqu'au bord). Couvrez-le d'une feuille

de papier collé, c'est-à-dire ne buvant pas, et retournez-le, en appuyant fortement votre main sur le papier pour empêcher l'eau de s'échapper. Le verre renversé, vous pourrez retirer votre main ; l'eau, au lieu de s'écouler, restera dans le verre, par suite de la pression atmosphérique qui s'exerce sur le papier de bas en haut (fig. 1).

II. — Versez de l'eau dans une assiette, découpez

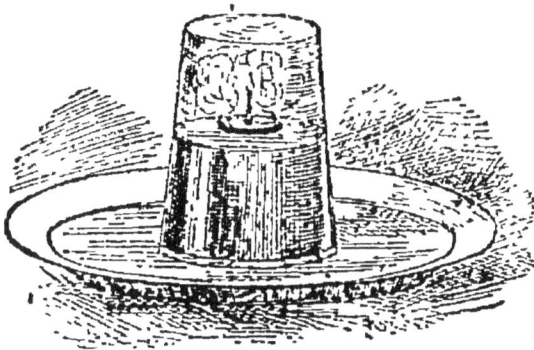

Fig. 2.

une rondelle d'un bouchon de liège et plantez-y verticalement une allumette-bougie que vous enflammerez. Placez ce flotteur sur l'eau de l'assiette et recouvrez-le d'un verre retourné. La combustion de l'allumette raréfiera l'air contenu dans le verre et, la pression atmosphérique s'exerçant de haut en bas sur la surface de l'eau, on verra celle-ci s'élever peu à peu à l'intérieur du verre (fig. 2).

III. — Enflammez du papier et laissez-le tomber dans une carafe pleine d'air. Quand le papier aura brûlé quelques instants, fermez l'orifice de la carafe avec un œuf dur dépouillé de sa coquille et pressez-le un peu pour qu'il forme un bouchon bien hermétique. La combustion du papier ayant raréfié l'air dans l'intérieur de la carafe, l'œuf éprouvera les effets de la pression de l'atmosphère et s'allongera dans le goulot; puis, quand il sera suffisamment étiré, il descendra peu à peu; et enfin il entrera brusquement dans la carafe en faisant entendre une petite détonation.

IV. — Piquez deux fourchettes dans un bouchon

Fig. 3.

de liège, de telle;manière que ces deux fourchettes

se trouvent dans un plan passant par l'axe du bouchon, et placez le bouchon sur le bord du goulot d'une bouteille. Les fourchettes et le bouchon formant un système dont le centre de gravité se trouve au-dessus du point d'appui, vous pouvez pencher la bouteille sans que ce système perde son équilibre, de sorte que, si la bouteille est pleine, vous pourrez la vider entièrement sans que les fourchettes tombent (fig. 3).

Variantes des expériences précédentes.

I. — Si vous fixez à un morceau de bois d'environ 35 centimètres de longueur, deux couteaux se faisant face, vous tiendrez sans difficulté ce morceau de bois en équilibre sur le bout d'un de vos doigts.

II. — Introduisez une pièce de cinq francs en

Fig. 4.

argent entre les dents de deux fourchettes de poids

égal se faisant face, de façon qu'elle y soit solidement maintenue. Placez ensuite la tranche de
cette pièce sur le goulot d'une carafe ou sur l'extrémité de votre doigt. Comme dans les expériences
précédentes, le système restera en équilibre (fig. 4).

Le tour des trois bâtons.

Posez sur une table deux bâtons AB et CD; puis
prenez un troisième bâton EF et faites-le passer
sous le bâton AB au point N et sur le bâton CD au

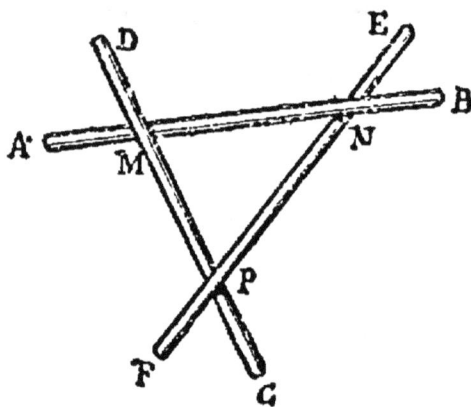

Fig. 5.

point P (fig. 5). Dans cette disposition, chacun des
bâtons a une de ses extrémités maintenue en l'air
par l'un des deux autres et le système est en équilibre.

On peut remplacer les bâtons par des couteaux
dont les manches seraient en A, E et C, et les
lames en B, F et D.

Pour rendre l'expérience plus attrayante, au
lieu de laisser reposer les manches des trois cou-

teaux sur la table, on peut les placer sur les bords
de trois verres disposés en triangle. Au centre du
système, sur les lames {entre-croisées, on pourra
mettre une bouteille, une carafe. etc. (fig. 6).

Cet arrangement montre comment on peut jeter

Fig. 6.

un pont sur un cours d'eau avec trois planches
d'une longueur moindre que la largeur du cours
d'eau, — ou encore comment on peut construire
un colombier sur trois piliers en employant des
solives trop courtes pour aller d'un pilier à l'autre.

Le jeu du bobéchon.

On fait, en roulant sur elle-même une bande de drap ou de flanelle, un cylindre AB, de 8 centimètres de hauteur et de 1 centimètre de diamètre, que l'on coud, pour qu'il conserve sa forme, sur le bord de l'étoffe. Puis on découpe dans du molle-

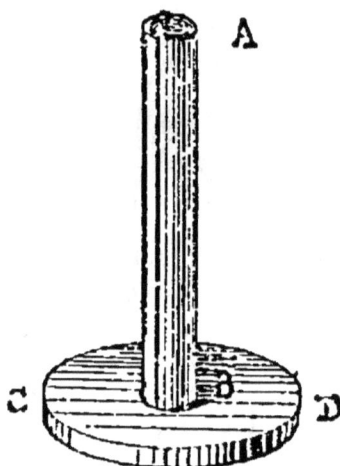

Fig. 7.

ton un cercle CD, de 4 centimètres de diamètre, et l'on coud le cylindre au centre du cercle de telle manière que l'axe du cylindre soit perpendiculaire au plan du cercle. Le petit appareil ainsi obtenu s'appelle un bobéchon (fig. 7).

Le jeu du bobéchon se joue beaucoup dans les fêtes foraines. Il consiste en ceci : — on dépose un sou sur le sommet A du cylindre et on place l'appareil sur une assiette plate; il s'agit alors de faire sortir de l'assiette le sou et le bobéchon en se servant d'une mince baguette d'osier.

Ce jeu paraît très simple; en réalité, on n'y peut réussir qu'à certaines conditions. La difficulté commence quand on a amené le bobéchon au bord de l'assiette. Si alors on donne avec la baguette une vive poussée, le bobéchon sautera hors de l'assiette, mais, en vertu du principe de l'inertie, le sou tombera à l'intérieur. Si, au contraire, on cherche à incliner le bobéchon vers l'extérieur, le sou tombera à l'extérieur, mais le bobéchon basculera et restera dans l'assiette.

La seule façon de résoudre le problème est la suivante :

Tenez la baguette de telle sorte qu'elle forme un arc s'appuyant sur le bord de l'assiette qui vous est opposé et sur le molleton; amenez lentement et latéralement le bobéchon vers le bord de l'assiette par un mouvement du poignet; et allongez subitement le bras. Le cylindre s'inclinera hors de l'assiette; et quand le sou sera au moment de tomber, vous n'aurez qu'à donner un petit coup sec : le bobéchon sautera au loin et le sou tombera juste à l'extérieur de l'assiette.

Un maître coup de bâton.

Installez deux verres à pied sur deux appuis de même hauteur, placés à une distance d'environ 1 mètre l'un de l'autre. Déposez sur ces verres un bâton AB, dont les extrémités auront été taillées en pointes ou seront terminées par des aiguilles (fig. 8).

Chacune de ces extrémités reposant sur l'un des bords des verres, si on frappe, avec un second

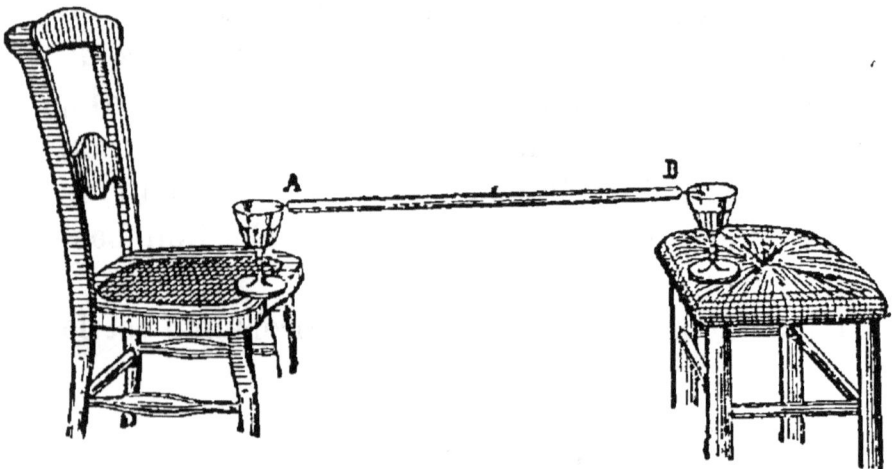

Fig. 8.

bâton AB en son milieu, ce bâton AB se brisera en ce point et les verres resteront intacts.

La chaise et le lustre en équilibre.

A une baguette AB attachez une chaise, comme l'indique la figure 9. Si vous déposez cette baguette sur un chambranle horizontal M, le siège et la partie inférieure de la chaise amèneront, par leur poids, le centre de gravité du système mobile au-dessous du chambranle M et ce système sera en équilibre.

Decremps, qui décrit l'expérience précédente dans son ouvrage *La Magie blanche dévoilée*, en mentionne une seconde, fondée sur le même principe, mais qui exige un appareil spécial.

« M. Miller, dit-il, nous présenta un lustre à

quatre branches, portant au haut de sa tige une
boule au milieu de laquelle était une ouverture
cylindrique dans une direction horizontale. Il
nous dit qu'en faisant entrer un bout de la baguette dans cette ouverture et en appuyant l'autre
sur le chambranle, comme auparavant, le lustre

Fig. 9.

resterait suspendu comme la chaise ; mais il ajouta
que cette expérience ne réussirait qu'entre ses
mains. » Ici Decremps raconte qu'effectivement on
essaya en vain de faire tenir le lustre en équilibre,
et il croit devoir donner, dans un style à peu près
incompréhensible, les raisons d'un insuccès qu'indique à priori la loi générale de la pesanteur. Puis
il continue :

« — Mon lustre, nous dit M. Miller, n'est point

composé de matière homogène. Quand je mets le
lustre entre vos mains, la branche A (fig. 10), qui
passe sous le chambranle, est du même poids que
chacune des autres et cède à l'effort réuni que les
trois autres font pour s'approcher du centre de la
terre. Elle s'élève en décrivant un arc, à mesure
que les autres descendent, et la baguette qui se
baisse dans la même proportion, glisse sur le
chambranle et tombe à terre. Mais lorsque je veux
faire moi-même l'expérience, je mets secrètement

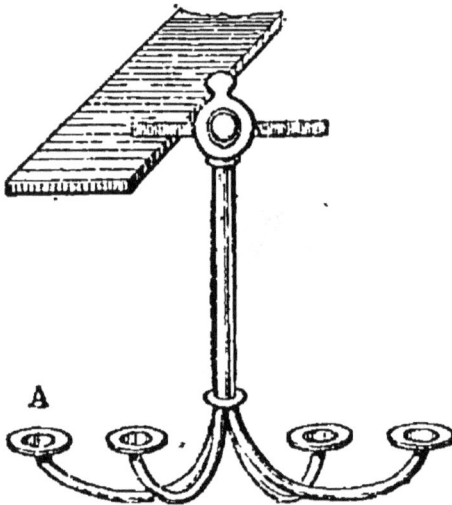

Fig. 10.

dans la bobèche, au bout de la branche A, une
balle de plomb, qui, tendant vers la terre avec
autant de force que les trois autres branches, les
empêche d'avancer sous le point d'appui. La baguette ne peut donc alors cesser d'être parallèle
à l'horizon et par conséquent elle ne peut des-
cendre. — Quand je veux faire |manquer ou
réussir l'expérience entre vos mains, sans toucher

au lustre, j'en substitue un second au premier.
Les branches de ce nouveau lustre (fig. 11) sont
entre elles du même poids, comme celles du précédent ; l'expérience ne .peut donc avoir lieu sans
ajouter un certain poids à celle qui s'avance sous
le chambranle. Voici le moyen que j'emploie pour
rendre cette branche plus pesante sans y toucher.

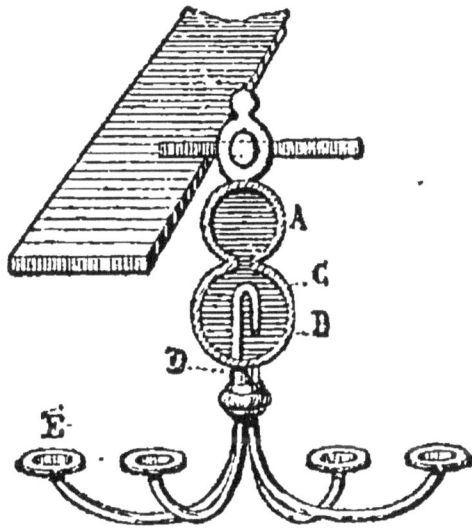

Fig. 11.

« Tandis que vous essayez de faire l'expérience,
une certaine quantité de mercure, qui remplit la
boule A passe dans la boule B dans l'espace d'environ trois ou quatre minutes. Aussitôt que le mercure est monté dans cette seconde boule jusqu'au
point C, il s'écoule tout entier par le siphon BCD
et passe en un instant dans la boule E, où il produit le même effet que la balle de plomb dans le
premier lustre. Par ce moyen l'expérience réussit
alors, quoiqu'elle n'ait pu avoir lieu deux ou trois

minutes auparavant. Et comme j'ordonne en commençant qu'elle ne puisse pas avoir lieu, et, trois minutes après, qu'elle réussisse parfaitement, chacun s'imagine que je peux la faire manquer ou réussir par ma seule volonté, sans employer aucun moyen physique. »

L'entêté.

L'entêté est une figurine qui se relève toujours

Fig. 12.

d'elle-même et sans le secours d'aucun contrepoids (fig. 12).

Cette figurine se construit très facilement. Il suffit de tailler le corps, sans bras ni jambes, en forme de magot, dans de la moelle de sureau dont on arrondit la base et contre laquelle on colle une demi-boule de plomb.

Le disque magique.

Tout le monde sait qu'un objet rond, placé sur un plan incliné, sera, par l'effet de la pesanteur, entraîné à descendre. Voici cependant un disque de bois qui, au lieu de les descendre, remonte les pentes, pourvu qu'elles ne soient pas trop raides (fig. 13).

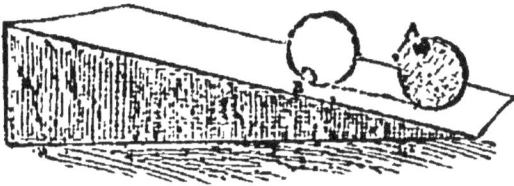

Fig. 13.

Tout le secret consiste dans une petite masse de plomb logée, en A, dans l'épaisseur du bois, près du bord du disque. Posez le disque sur le plan incliné, le plomb en avant. Le centre de gravité tendant à se placer le plus bas possible, le disque tournera dans le sens de la flèche et remontera la pente. Il s'arrêtera lorsque le plomb sera dans le bas du disque, en B, position en réalité plus basse que A.

Le lève-pierre.

Avec une rondelle de cuir ou de feutre mouillé, au centre de laquelle est attachée une ficelle, on peut soulever des pierres assez lourdes. Il suffit, pour cela, d'appliquer la rondelle sur la pierre de façon qu'elle y adhère exactement.

Ce phénomène est dû tout simplement à la pression atmosphérique, qui s'exerce sur la rondelle et la colle pour ainsi dire à la pierre.

Une applique obéissante.

Ce genre d'applique, maintenant un peu abandonné, a été jadis fort à la mode. Il se compose

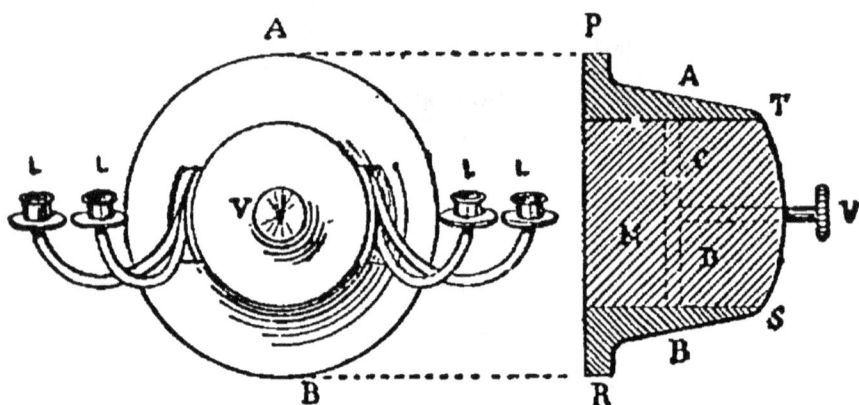

Fig. 14.

d'une sorte de cloche AB, en métal ou en bois, dont l'intérieur M est un cylindre creux dans lequel peut se mouvoir un disque CD, actionné par la vis V. Cette cloche supporte un nombre quelconque de candélabres L; elle est garnie de caoutchouc sur son bord PR (fig. 14).

Pour fixer cette applique contre une surface verticale, — mur ou glace, — on maintient sa base PR contre la surface, en ayant soin d'amener le disque CD en contact avec cette surface. Puis, maintenant toujours l'appareil, on tourne la vis V, de manière que le disque CD se rapproche de l'extrémité ST de la cloche. L'applique ne tardera pas à être solidement collée à la surface par la pression atmosphérique, qui agira à l'extérieur de l'appareil, tandis que le vide sera produit à l'intérieur par le retrait du disque.

Briquet à air.

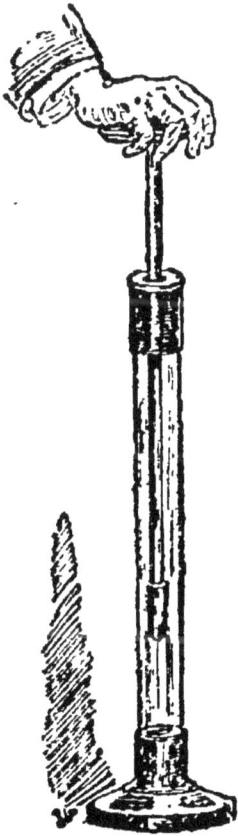

Ce petit appareil est une sorte de pompe foulante qui sert en physique à démontrer l'élasticité et la compressibilité des gaz. Il consiste en un tube de verre épais, fermé à l'une de ses extrémités, dans lequel peut jouer un piston le fermant hermétiquement. Si l'on enfonce brusquement le piston, la chaleur développée par la compression de l'air contenu dans le tube est suffisante pour enflammer un morceau d'amadou que l'on aurait placé à l'intérieur du briquet (fig. 15).

Fig. 15.

Le ludion.

Le ludion (fig. 16) se compose d'une figurine d'émail représentant un personnage quelconque, suspendue à une

boule de verre pleine d'air et de grosseur telle
que le poids de l'ensemble soit à peine inférieur
à celui d'un égal volume d'eau. De plus, l'ampoule
de verre porte une petite ouverture à sa partie
inférieure.

Si l'on plonge dans l'eau un semblable appareil,

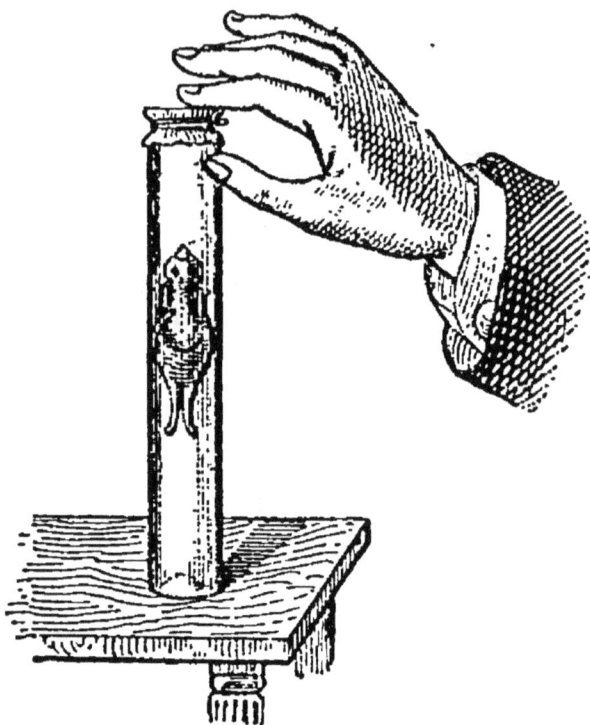

Fig. 16.

son poids se trouvera égal à celui de l'eau dépla-
cée; il sera donc en équilibre et restera immobile
à l'endroit où on l'aura mis. Mais si la pression
que supporte le liquide dans lequel il se trouve
vient à changer, l'équilibre sera détruit; si la pression augmente, l'air du flotteur se comprimera et
la figurine tombera au fond de l'eau; si, au con-

traire, la pression diminue, la figurine montera à la surface de l'eau.

On provoque ces changements de pression en fermant l'ouverture du vase où doivent avoir lieu les expériences avec une feuille mince et tendue de caoutchouc. Lorsqu'on appuiera avec le doigt sur cette feuille, elle s'affaissera ; la pression augmentera à la surface de l'eau et la figurine descendra. Puis, quand on retirera le doigt, le caoutchouc reprendra sa position première ; alors la pression diminuera et la figurine remontera dans l'eau.

CHAPITRE II

La boule magique.

Il n'es personne qui ignore que la chaleur dilate tous les corps. Une boule métallique qui,

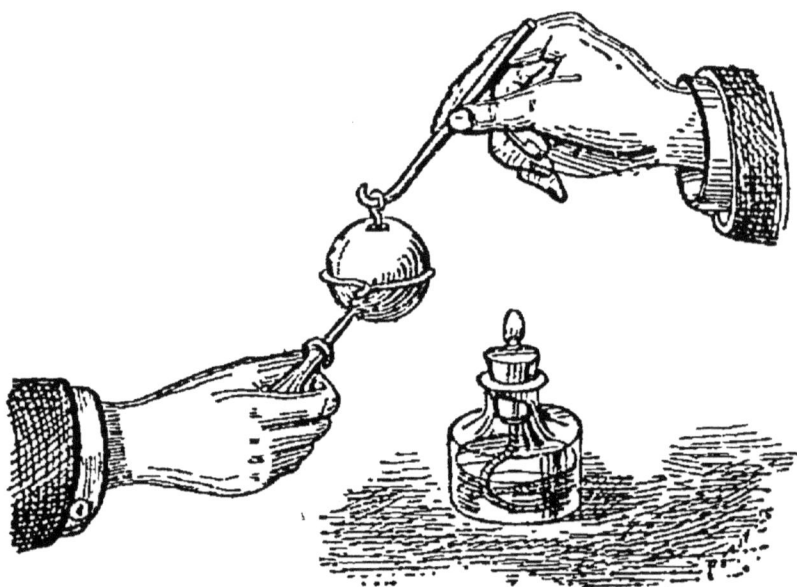

Fig. 17.

froide, passe à travers un anneau, ne passe plus si on la chauffe suffisamment (fig. 17).

De là, une expérience qui ne manquera pas d'amuser un jeune auditoire. Vous prenez avec une tige une boule métallique munie d'un crochet et vous la faites passer dans un anneau; puis vous déclarez que toutes les cinq minutes cette boule, d'un caractère fort intermittent, se décide alternativement à passer et à ne pas passer dans l'anneau. Elle vient de passer, tout à l'heure elle ne passera pas. Du reste, vous la montrez à tout le monde et vous permettez qu'on la touche pour s'assurer qu'elle ne contient aucun mécanisme intérieur. Cela fait, vous l'accrochez au-dessus d'une lampe à alcool cachée derrière un écran ou un objet quelconque, et vous procédez à une autre expérience. Cinq minutes après, vous la prenez avec votre tige, et vous montrez que, comme vous l'aviez annoncé, elle ne passe plus à travers l'anneau. Il vous suffira de la laisser refroidir pour qu'elle passe à nouveau.

Une génération spontanée.

Pratiquez dans un gros bouchon un trou cylin-

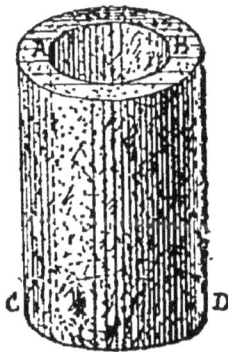

Fig. 18.

drique ABCD (fig. 18); fermez l'ouverture CD avec

un morceau de sucre et remplissez le trou de raclures de corne et de débris de cordes à violon. Enfoncez ce bouchon dans le goulot d'un flacon rempli d'eau et faites chauffer au bain-marie. Si vous secouez le flacon, le sucre qui ferme l'orifice CD du bouchon se dissoudra, laissant tomber les débris de corne et de cordes, qui, crispés et tordus par la chaleur, figureront de petits vers vivants et remuants.

Il faut, quand on exécute cette expérience, ne chauffer que faiblement l'eau du flacon, prendre des raclures de corne et des débris de cordes un peu longs et un peu larges, se servir d'un flacon dont le verre ne soit pas très transparent, et ne laisser que quelques instants l'appareil sous les regards des spectateurs pour qu'ils n'aient pas le temps de se rendre compte du stratagème employé.

La viande gâtée.

Coupez une chanterelle de violon en petits morceaux. Si vous jetez quelques-uns de ces morceaux sur un plat de viande chaude, au moment où on l'apporte sur la table, la chaleur les dilatera et leur fera faire des mouvements que les convives n'hésiteront pas à attribuer à des vers.

Une flamme qui ne brûle pas.

Aspirez fortement la flamme d'une bougie ; elle

pénétrera dans votre bouche sans vous brûler,
parce que la force même de l'aspiration l'empê-
chera de se fixer sur vos lèvres, qui seront, de
plus, protégées par l'air aspiré en même temps

Fig. 19.

que la flamme, qu'il entourera d'une enveloppe
fraîche (fig. 19).

Un feu d'artifice dans un flacon.

Prenez un ressort de montre, allongez-en la
spirale, fixez l'une de ses extrémités à un bouchon de liège et mettez à l'autre extrémité un
petit morceau d'amadou enflammé. Si vous plongez le ressort dans un flacon que vous aurez préalablement rempli de gaz oxygène, il brûlera en

répandant une éblouissante clarté et en projetant des étincelles métalliques (fig. 20).

Pour éviter que le flacon éclate, il faut prati-

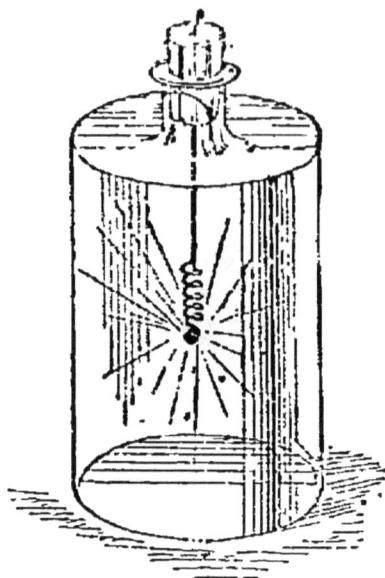

Fig. 20.

quer dans le bouchon une petite incision en forme de rainure, par laquelle s'échapperont les gaz produits par la combustion de l'acier.

Une lampe sans flamme.

Tournez un fil très mince de platine en spirale autour de la mèche d'une lampe à esprit-de-vin.

Dès que le métal aura rougi sous l'influence de la flamme, éteignez la mèche : le fil restera incandescent tant qu'il y aura de l'alcool dans la lampe, et, à défaut de flamme, il donnera une lumière suffisante pour qu'en s'en approchant on

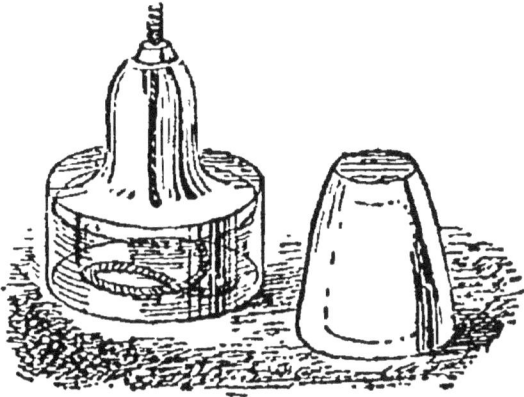

Fig. 21.

puisse lire une lettre (fig. 21).

La force de la glace.

Remplissez d'eau une sphère de cuivre ou un

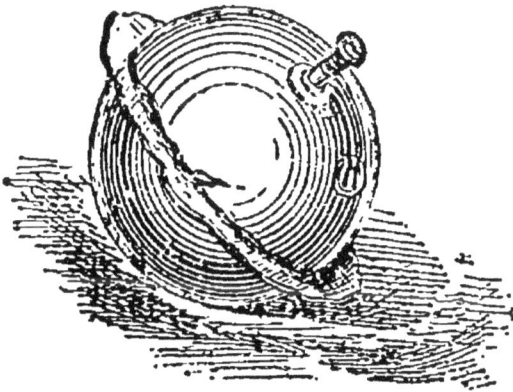

Fig. 22.

canon de fusil et bouchez hermétiquement au
moyen d'une forte vis. Si vous exposez la sphère

ou le canon à un froid très vif, la congélation de l'eau les brisera (fig. 22).

On peut obtenir un abaissement considérable de température (0° à — 46°) au moyen d'un mélange de trois parties de neige ou de glace pilée et de quatre parties de potasse.

Eau bouillante sans feu.

Faites bouillir de l'eau dans un ballon de verre.

Fig. 23.

Au bout d'une ou deux minutes d'ébullition, lorsque tout l'air du ballon aura été entraîné au dehors, retirez-le du feu, bouchez-le aussitôt hermétiquement et retournez-le. Si vous versez alors de l'eau froide sur le ballon, l'ébullition recommencera et durera tant que l'eau qu'il contient ne sera pas refroidie (fig. 23).

CHAPITRE III

Un carillon interrompu.

On sait que le son ne se propage pas dans le

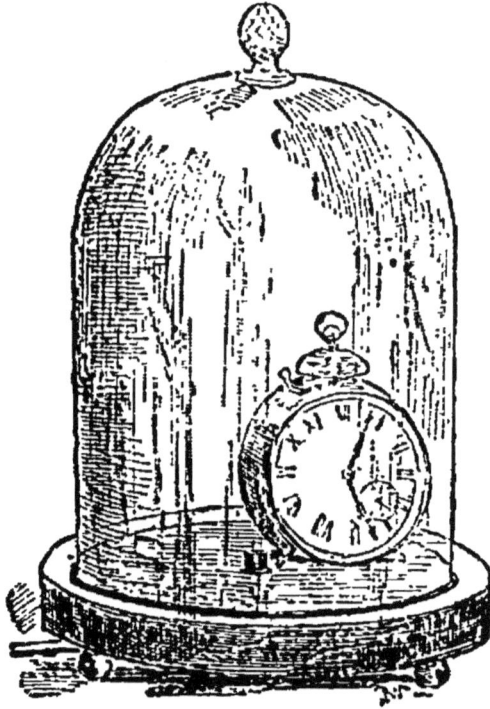

Fig. 24.

vide. En se fondant sur ce fait, on peut, si l'on a
à sa disposition une machine pneumatique, amuser quelques instants un auditoire.

Si l'on place, par exemple, sous le récipient de la machine un carillon ou une cloche (fig. 24), les sons produits deviendront d'autant plus faibles que l'air sera plus raréfié; quand l'épuisement sera à peu près complet, les sons seront imperceptibles.

La poutre-téléphone.

Le son se propage dans les solides beaucoup mieux que dans l'air.

Pour le démontrer, placez une montre à l'extrémité d'une longue poutre en bois. En appliquant votre oreille à l'autre extrémité, vous percevrez avec la plus grande netteté le tic-tac de la montre qu'il serait absolument impossible d'entendre autrement.

Le concert des verres.

Tout le monde sait qu'au choc d'un objet quelconque un verre rend un son d'autant plus aigu qu'il contient plus d'eau. Il est donc facile d'accorder des verres avec un piano en mettant dans chacun d'eux plus ou moins d'eau, et de se procurer ainsi un instrument de musique sur lequel on pourra jouer toutes sortes d'airs. L'exécutant n'aura qu'à frapper successivement les verres dans l'ordre voulu et en observant la mesure; avec un peu de pratique, il pourra même jouer des duos en se servant de deux baguettes qu'il tiendra, l'une de la main droite, l'autre de la main gauche.

Pour s'éviter la peine et la perte de temps que
nécessite l'opération de l'accordage, certains fai-
seurs de tours se servent de verres percés chacun
d'un petit trou à des hauteurs différentes, de telle
manière que, lorsqu'on les remplit jusqu'au bord,
l'eau s'écoule par ces trous jusqu'à ce qu'il en
reste juste assez pour donner à chaque verre le
ton nécessaire.

Faire sept francs avec une pièce de deux francs.

Déposez une pièce de deux francs dans un verre

Fig. 25.

à moitié rempli d'eau, couvrez-le avec une assiette,
posez la main gauche sur cette assiette et retour-
nez vivement le verre avec la main droite de manière qu'il ne s'échappe que quelques gouttes

2.

d'eau. — La pièce de deux francs apparaît alors grande comme une pièce de cinq francs et l'on voit au-dessus une seconde pièce de deux francs de grandeur naturelle (fig. 25).

Un microscope peu coûteux.

Pratiquez un très petit trou bien rond dans une

Fig. 26.

lame métallique et laissez tomber doucement dans ce trou une goutte d'eau limpide qui s'y logera et le bouchera sans s'écouler. Les objets que vous

regarderez à travers cette lentille artificielle paraîtront considérablement agrandis.

Pour improviser un microscope, on peut se servir d'une carafe de forme sphérique en cristal uni,
remplie d'eau bien filtrée. En examinant de petits
objets à travers cette carafe, on les verra considérablement grossis (fig. 26).

La chambre noire.

Bouchez hermétiquement la fenêtre d'une
chambre avec un châssis opaque dans lequel vous
pratiquerez une ouverture où s'adaptera un
prisme triangulaire. Si vous présentez à ce prisme
une feuille de carton blanc, les objets du dehors
viendront s'y dessiner avec leur forme et leur couleur. Ce sera un tableau minuscule aussi vivant
que la réalité qu'il reproduit.

Cette chambre noire offre le phénomène de la
vision naturelle ; ce qui s'y passe est identique à ce
qui se passe dans l'œil. Le châssis qui bouche la
fenêtre joue le rôle de l'iris, l'ouverture celui de la
pupille, le prisme celui du cristallin, et le carton
blanc celui de la rétine.

On peut décalquer sur le carton les objets qui y
sont reproduits et obtenir ainsi une représentation
absolument exacte des objets extérieurs.

Un arc-en-ciel improvisé.

Quand le temps est beau, il suffit de remplir

d'eau une terrine, de tourner le dos au soleil et de jeter l'eau en l'air pour produire un très bel arc-en-ciel. — On réussit également avec une lance d'arrosage.

Ce phénomène s'explique aisément : l'eau décompose les rayons solaires à la façon d'un prisme et les sept couleurs apparaissent.

Le thaumatrope.

Le thaumatrope est un disque de carton que l'on

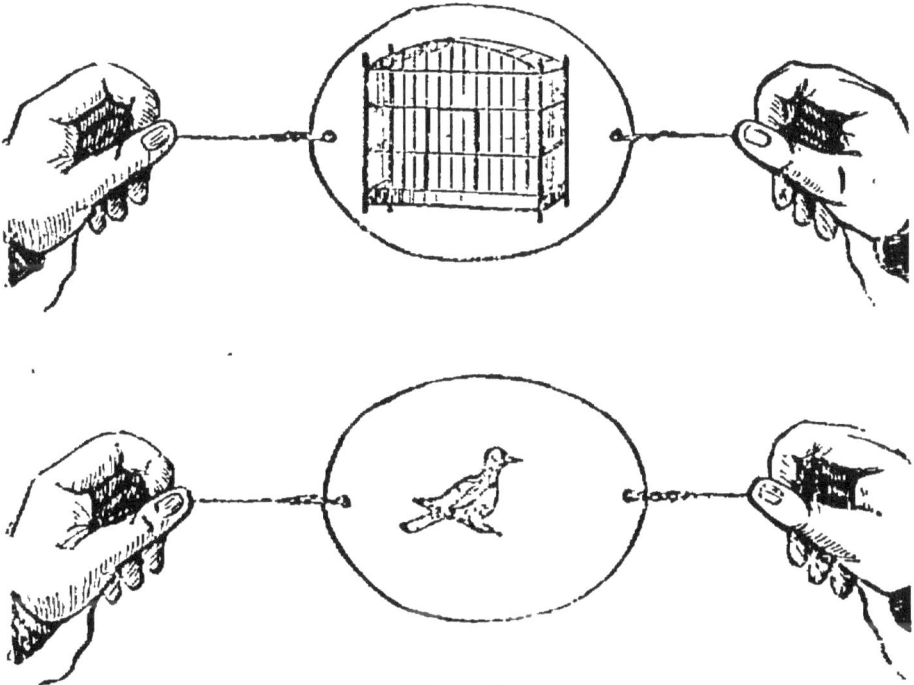

Fig. 27.

met en rotation avec les doigts autour d'un axe formé par deux cordelettes et qui produit une curieuse illusion d'optique en vertu de la persistance des impressions sur la rétine. On dessine sur l'une des faces du disque une cage, et sur l'autre un oiseau (fig 27). Quand on fait tourner l'instrument, on ne voit plus qu'une seule image : l'oiseau dans sa cage.

Le praxinoscope.

D ans cet appareil, inventé par M. Reynaud, la substitution d'un dessin au dessin suivant se fait sans interruption dans la vision, de sorte que l'œil voit d'une manière continue une image qui cependant change incessamment devant lui.

« Après avoir cherché sans succès, par des moyens mécaniques, à substituer l'un à l'autre les dessins successifs sans interrompre la continuité de la vision, M. Reynaud eut l'idée de produire cette substitution, non plus sur les dessins eux-mêmes, mais sur leurs images virtuelles. C'est alors qu'il construisit un appareil consistant en une boîte polygonale, ou plus simplement circulaire, au centre de laquelle est placé un prisme d'un diamètre exactement moitié moindre, et dont les faces sont garnies de miroirs plans (glaces étamées ordinaires). Une bande de carton, portant une série de dessins d'un même sujet dans les différentes phases d'une action, est placée à l'intérieur du rebord circulaire de la boîte, de telle sorte que chaque pose corresponde à une face du prisme de glaces.

« Une rotation modérée, imprimée à l'appareil qui est monté sur un pivot central, suffit à pro-

duire la substitution des images et l'illusion ani-
mée a lieu au centre du prisme de glaces avec un
éclat, une netteté et une douceur de mouvements
remarquables (fig. 28).

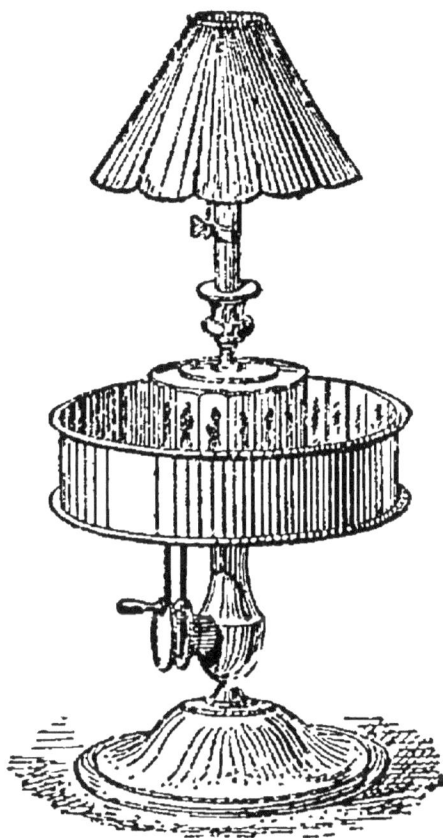

Fig. 28.

« Le soir, une lampe placée sur un support *ad
hoc*, au centre de l'appareil, suffit à éclairer très
vivement, et permet à un grand nombre de personnes assemblées en cercle autour de l'instrument
d'être, en même temps et sans la moindre gêne,
témoins des effets qu'il produit (1). »

(1) Gaston Tissandier, *Récréations scientifiques.*

Le kaléidoscope.

Le kaléidoscope (fig. 29) est un appareil construit de manière à tirer d'un assemblage confus de
petits objets irréguliers de diverses couleurs des
images symétriques, remplissant autour d'un point

Fig. 29.

les quatre angles droits d'un tableau, et présentant
par conséquent un ensemble régulier, agréable à
la vue et variable à volonté. Il se compose de
deux miroirs plans formant un angle de 45 degrés
ou de trois miroirs inclinés à 60 degrés, renfer-
més dans un tube en carton, fermé à ses deux
extrémités par deux disques de verre, dont l'un
sert d'oculaire, tandis que l'autre dépoli, supporte,

sans les soustraire à la lumière diffuse ambiante,
les objets dont les images multiples doivent former le spectacle.

La mégalographie.

Découpez à jour toutes les parties blanches d'un
dessin tracé sur un carton (fig. 30), et ne laissez

Fig. 30.

que les parties ombrées. Si vous placez le carton
découpé entre la lumière d'une lampe et un mur,
le dessin de ce carton se reproduira sur le mur,
qui fera fonction d'écran.

Les ombres chinoises.

Les ombres chinoises ne sont pas autre chose
qu'une mégalographie. Tout le monde s'est amusé à
produire de ces ombres en plaçant ses mains, dis-

posées de façon particulière, entre une lampe et un mur.

On trouve chez les marchands de jouets des théâtres enfantins d'ombres chinoises et des collections de silhouettes de carton, représentant les décors et les acteurs dessinés en noir et découpés. On vend même des acteurs articulés que l'on fait mouvoir au moyen de fils de fer.

Pour installer soi-même un théâtre d'ombres chinoises, on fixe sur un cadre léger un papier transparent ou une gaze portant le dessin du décor. C'est derrière ce cadre que l'opérateur fera mouvoir les figures, en faisant habilement concorder les paroles qu'il prononce et les gestes qu'il imprime à ses acteurs.

La lumière est envoyée par des lampes à réflexion, placées à 4^m,50 environ de l'appareil. Une draperie fixée au-dessous du cadre masque les mouvements de l'opérateur.

Les ombres chinoises, un peu négligées aujourd'hui, ont eu, il y a quelque trente ans, une vogue énorme. Qui n'a entendu parler du théâtre Séraphin, maintenant démoli, où les enfants assistaient jadis à des comédies et à des vaudevilles joués par des ombres chinoises? Mais actuellement il n'y a plus d'enfants, et l'on a oublié le *Pont coupé*.

La lanterne magique.

La lanterne magique est, comme chacun sait, un appareil qui permet d'obtenir sur un écran blanc,

dans une chambre obscure, des images amplifiées
d'objets dessinés et peints sur des lames de verre
transparentes.

La lanterne magique ordinaire se compose d'une
boîte de fer-blanc s'ouvrant sur le côté et dans
laquelle on place une lampe munie de son réser-
voir à huile et de son verre. A la partie supérieure
de la boîte est une cheminée par laquelle s'échap-
pent les gaz provenant de la combustion de l'huile.
Derrière la lampe est accroché un réflecteur para-
bolique, aussi poli que possible, qui renvoie les
rayons dans la direction de la paroi de la boîte
opposée à celle qui soutient la lampe. Au milieu
de cette face, le faisceau lumineux rencontre une
forte lentille qui le fait converger. Sur le trajet de
ces rayons, se glisse, par une coulisse latérale mé-
nagée dans le tube qui contient l'appareil optique,
le verre portant les images; ces images sont amplifiées par une lentille biconcave et vont apparaître sur l'écran.

Le croisement des rayons lumineux, par suite
de leur passage à travers les lentilles, renverse les
images; pour qu'elles apparaissent droites sur
l'écran, il suffit de renverser la lame de verre sur
laquelle sont peints les objets.

Plus l'écran sur lequel apparaissent les images
est éloigné de l'appareil, plus ces images sont
grandes, parce que les rayons lumineux qui s'é-
chappent de la seconde lentille vont toujours
en s'écartant. Mais plus les images sont grandes
et malheureusement moins elles sont nettes et

éclairées. On doit donc adopter une distance convenable et placer le tube de telle façon que les images projetées sur l'écran soient à la fois grandes et suffisamment nettes.

Il faut que la chambre qui sert de salle de spectacle soit parfaitement obscure; il ne doit y avoir d'autre lumière que celle qui se trouve dans la lanterne.

Les choses étant ainsi disposées et les spectateurs placés en face de l'écran, l'acteur chargé de manier les verres les fait passer et repasser l'un après l'autre dans la coulisse de la boite, en n'oubliant pas de les présenter renversés, c'est-à-dire les têtes des figures en bas, et en même temps il explique le sujet et cherche à amuser les spectateurs par ses discours.

Le palais féerique.

Ce palais repose sur une surface hexagonale régulière ABCDEF. On trace sur cette surface les six rayons OA, OB, OC, OD, OE, OF, et sur chacun d'eux on fixe verticalement deux miroirs plans très minces. On forme ainsi six cellules égales ayant pour base un triangle équilatéral. Aux points ABCDEF on dresse des colonnettes qui décoreront le palais et soutiendront les miroirs et on couvre l'édifice d'un toit enjolivé et ornementé (fig. 31).

Chacune des six cellules sera orné de figurines en émail, en bois ou en métal, représentant en

relief des sujets qui seront répétés dans les glaces.
Au fond de chaque cellule, c'est-à-dire aux angles
de jonction des miroirs, on fera bien de déposer
quelque attribut du groupe principal.

Les choses étant ainsi aménagées; si l'on regarde
dans l'une des six cellules, on verra chaque sujet

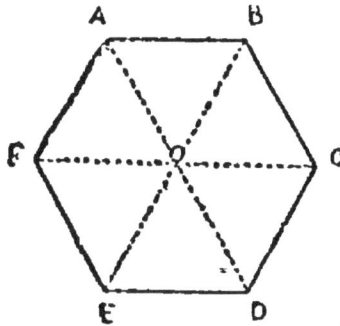

Fig. 31.

répété six fois et cette multiplicité d'images produira un charmant effet.

Une partie de fortifications, avec deux demi-
bastions, par exemple, donnera dans le palais
une citadelle entière flanquée de six bastions,
et qu'il sera facile, avec quelques accesoires, de
garnir de canons et peupler de soldats. Une galerie
de musée ou une salle de bal, avec lustres et candélabres, fourniront aussi une fort belle illusion.

Il convient d'ajouter que la scène change six fois,
d'aspect; chaque cellule représente, en effet, une
composition différente.

La lunette brisée.

Cette curieuse lunette est d'une construction
très simple.

Formez avec du carton un tuyau carré et coudé
à ses deux extrémités, fermé de toutes parts et muni
à l'intérieur de quatre petits miroirs HIKL, disposés, comme l'indique la figure 32, à 45 degrés ; la
face polie des miroirs I et K sera tournée *en haut*
et celle des miroirs H et L sera tournée *en bas*.
A chaque extrémité de la boîte, et dans la partie
verticale, pratiquez deux ouvertures circulaires en
regard l'une de l'autre et introduisez dans ces ouvertures des tubes cylindriques AC, DB ; faites, en
outre, pénétrer dans les tubes C et D deux autres

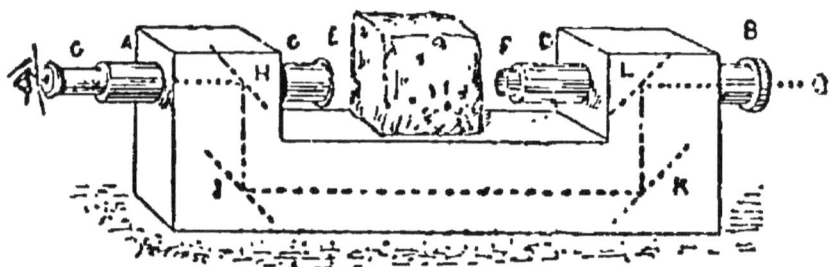

Fig. 32.

tubes mobiles E et F, se tirant à volonté de manière à pouvoir être amenés à se toucher, et fer-
més chacun par un disque de verre ordinaire.
Fixez à l'extrémité du tube B un verre convexe, et
dans le tube A introduisez un tube G, mobile et
muni d'un verre concave.

Si l'on regarde dans le tube G un objet situé en
face en O, les rayons de lumière émanant de cet
objet arrivent à l'œil et viennent y peindre l'objet
lui-même en suivant la ligne ponctuée dans la
figurine ; ils sont, en effet, réfléchis en L par le
premier miroir qu'ils rencontrent, viennent frap-

per le second miroir au point K, le troisième en I,
le quatrième en II, et arrivent enfin dans le tube A.
L'image est, d'ailleurs, la même, évidemment,
que s'ils venaient directement de l'objet d'où ils
émanent.

Lorsqu'on veut faire usage de la lunette brisée,
on rapproche les deux tubes E F, qui ne sont là
que pour donner le change; on braque l'objectif
sur un objet quelconque, et on montre à un spectateur qu'il aperçoit très distinctement cet objet.
Puis on éloigne les deux tubes, on prie le spectateur de mettre entre eux une feuille de papier
ou un livre, une pierre, sa main, s'il le préfère,
et on l'invite à regarder de nouveau. Malgré
l'interposition d'un corps opaque, il continuera à
voir l'objet, ce qui lui paraîtra inexplicable, s'il
ne connaît pas la construction et le fonctionne-
ment de l'appareil.

Le décapité parlant.

L'expérience du décapité parlant est une des
plus curieuses applications des miroirs à la physique amusante.

Tout le monde a vu cette expérience qui a
été répétée sur tous les théâtres de magie et dans
toutes les foires. Le spectateur arrive à l'entrée
d'une petite salle où il ne pénètre pas et où il voit
une table à trois pieds. Au-dessus de cette table
est une tête humaine, posée sur un drap ensan-
glanté, au milieu d'un plateau. Cette tête remue

et parle, répond aux questions qu'on lui pose.

Le corps de l'homme qui joue le rôle du décapité est tout simplement assis sous la table (fig. 33);
mais il est dissimulé par deux glaces étamées posées à 45 degrés par rapport aux murs latéraux, de
telle sorte que, l'image de ces murs coïncidant
avec la partie visible du mur du fond de la salle,

Fig. 33.

badigeonné de la même couleur, on croit voir le
vide sous la table.

Une balustrade tient le public à distance et
une lumière blafarde rend l'illusion plus complète.

CHAPITRE IV

Le papier électrique.

Prenez une feuille de papier blanc, exposez-la au feu jusqu'à ce qu'elle soit bien chauffée et posez-la sur une table vernie : puis frottez cette feuille avec la paume de la main, toujours dans le même sens.

Quand on voudra enlever la feuille de papier de sur la table, on éprouvera une résistance très sensible et il semblera que la feuille est collée au bois; si on l'applique contre une muraille, elle s'y fixera. Si l'on répand sur la table des objets très légers, pains à cacheter, brins de paille, bribes de duvet, etc., ces objets, attirés par la feuille électrisée, se mettront à sauter.

Si vous faites l'obscurité dans la chambre où a lieu l'expérience, et si vous passez devant la feuille de papier un objet métallique pointu, une lueur phosphorescente parcourra le papier.

La danse du son.

Si vous frottez un morceau de verre avec du

drap et si vous posez ce morceau de verre sur deux livres, une poignée de son, placée au-dessous, exécutera une danse fort récréative.

La pipe valseuse.

Posez une pipe de terre sur une montre (côté

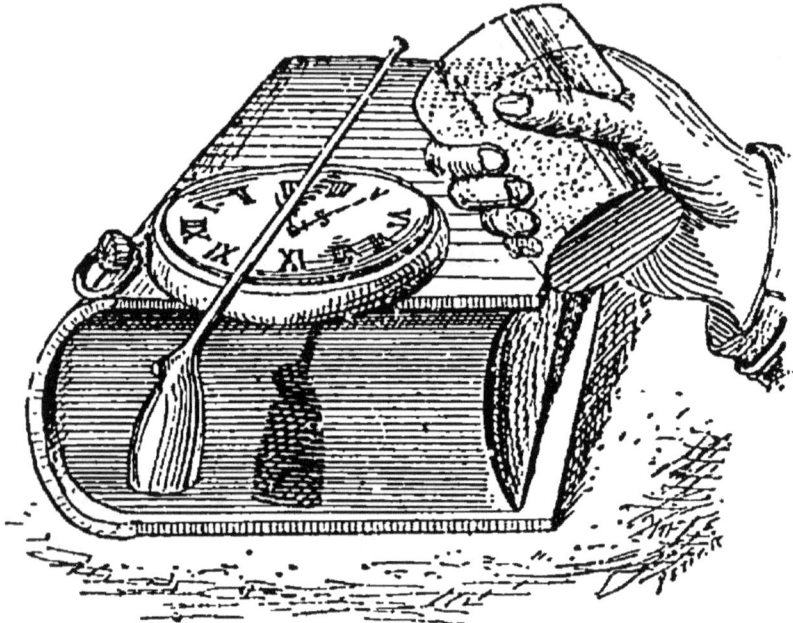

Fig. 34.

du verre) de manière qu'elle reste en équilibre ; puis frottez vivement un verre avec de la laine chauffée. Si vous approchez ce verre de l'extrémité du tuyau de la pipe, celle-ci sera attirée et vous pourrez la faire tourner sur la montre comme sur un pivot (fig. 34).

Un éclair dans la bouche.

Introduisez une pièce d'argent entre la gencive

3.

et la lèvre supérieures et un disque de zinc entre la gencive et la lèvre inférieures. Au contact des deux métaux, qui formeront un élément d'une pile, vous éprouverez une légère commotion, et, dans l'obscurité, vous verrez une petite étincelle jaillir entre les deux métaux.

L'araignée électrique.

Dans le bocal d'une bouteille de Leyde introdui-

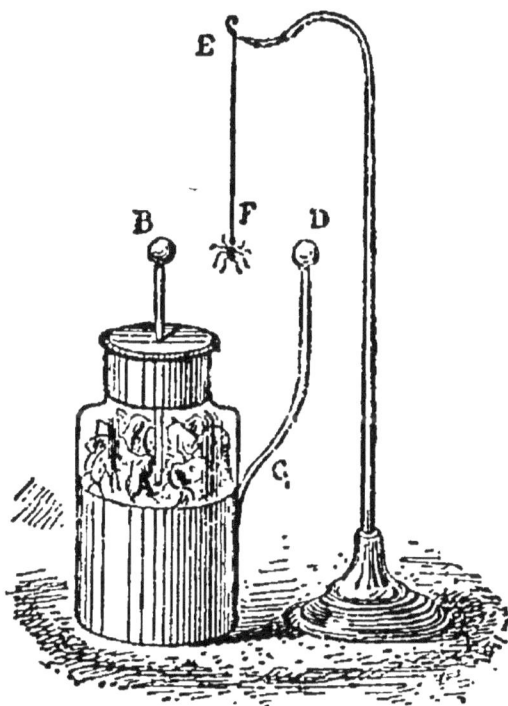

Fig. 35.

sez une tige de laiton AB, terminée à sa partie supérieure par une boule de cuivre; puis fixez sur la paroi du bocal une seconde tige de laiton CD,

coudée, communiquant avec l'armature extérieure, et terminée, comme la première, par une
boule de cuivre à sa partie supérieure (fig. 35).

Entre les deux boules B et D, qui devront être
sur un même plan horizontal, faites arriver un petit
morceau de liège F, taillé en forme d'araignée et
suspendu à l'extrémité d'un fil de soie EF.

Si vous chargez alors la bouteille, l'araignée sera
alternativement attirée et repoussée par les deux
boules chargées d'électricités différentes, jusqu'à
ce que le fluide accumulé dans le bocal soit épuisé;
et les pattes, ébranlées par ce mouvement de
va-et-vient, remueront de manière à donner au
morceau de liège l'apparence d'une véritable araignée.

N. B. — Pour les détails relatifs à la bouteille de
Leyde, voir un traité de physique.

Le petit chasseur.

Sur une plaque de verre, garnie d'une feuille
de métal MNPQ, fixez un petit chasseur en bois ou
en carton, et faites passer dans l'une des jambes
de ce chasseur un fil de fer qui arrivera jusqu'à
l'extrémité R du fusil qu'il tient en joue (fig. 36).

D'autre part, fixez à l'extrémité d'un fil de fer un
petit oiseau en métal O.

Si, la plaque de verre ABCD étant électrisée,
vous présentez l'oiseau O à l'extrémité R du fusil
du chasseur, la décharge électrique aura lieu et il
semblera que le chasseur a tiré.

L'étincelle sera d'autant plus vive que la plaque

Fig. 36.

sera plus grande et la charge électrique plus forte.

La maisonnette incendiée.

Construisez avec du fer-blanc une maisonnette dont les fenêtres seront découpées à jour et dont le toit pourra s'enlever (fig. 37). Faites passer à travers ce toit un tube de verre renfermant un fil de cuivre AB, terminé à son extrémité inférieure par une boule et à son extrémité supérieure par un crochet. A l'intérieur de la maisonnette fixez un second fil de cuivre CD, également enfermé dans un tube de verre et portant à son extrémité supérieure une boule C rapprochée de la boule A. Entre ces deux dernières boules, mettez de l'étoupe saupoudrée de résine.

Les choses étant ainsi disposées, faites commu-

niquer la paroi de la maisonnette avec l'armature
extérieure d'une batterie électrique et chargez le
crochet B. L'étincelle qui jaillira entre les deux
boules AC mettra le feu à l'étoupe et, à travers les

Fig. 37.

ouvertures des fenêtres, l'intérieur du petit édifice apparaîtra en feu.

Une boussole économique.

Cette boussole, dont la description est empruntée
au *Magasin pittoresque*, peut être, comme on va
le voir, construite par un profane en matière de
physique.

On prend un petit bouchon B et l'on passe au
travers une aiguille à tricoter ordinaire AA qui
aura été préalablement aimantée par frottement
au moyen d'un petit aimant en fer à cheval (fig. 38).
On implante ensuite dans le bouchon une aiguille

à coudre, ou mieux une épingle dont la pointe posera sur l'un des trous couvrant la partie supérieure d'un dé à coudre. Pour assurer l'équilibre de l'aiguille AA, on enfonce dans le bouchon deux allumettes, MN, terminées par des boulettes de cire. Quand l'aiguille et l'épingle sont bien équilibrées, on place l'appareil dans une terrine TTT,

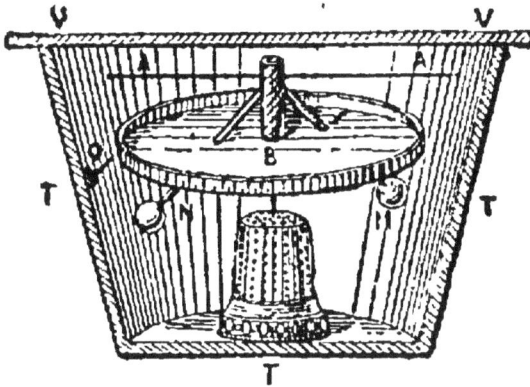

Fig. 38.

qui le préservera de l'influence des agitations de l'air ; même, pour plus d'exactitude, on ferme cette terrine avec une plaque de verre VV.

Pour graduer la boussole, on découpe un cercle dans une mince feuille de papier et on trace des divisions sur ce cercle. Il ne reste alors qu'à coller avec un peu de cire une pointe de bois O vis-à-vis de l'extrémité nord de l'aiguille.

Expérience de palingénésie.

Posez sur un pied M une tablette de bois blanc ABCD d'environ 1 centimètre et demi d'épaisseur

et dessinez sur cette tablette une carte quelconque
(fig. 39), le six de pique, par exemple. Entaillez
votre dessin, remplissez les creux avec de la cire et
garnissez tous les contours en y enfonçant de petits
fragments d'aiguilles aimantées séparés les uns
des autres ; enfin, recouvrez la tablette d'une feuille
de papier bien tendue ; que vous collerez seulement sur les bords.

Cela fait, prenez dans un jeu de cartes un six de

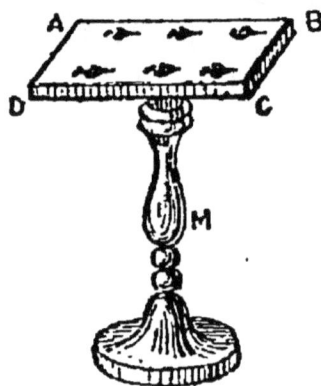

Fig. 39.

pique, brûlez-le devant votre auditoire et enfermez-
en les cendres dans une petite boîte de tôle où vous
aurez préalablement mis de la limaille de fer. Puis
mêlez les cendres et limaille et annoncez que vous
allez reconstituer la carte brûlée.

Il vous suffira, pour cela, de passer le mélange
de cendre et de limaille à travers un tamis au-dessus de la tablette ABCD ; la limaille de fer se fixera,
par suite de l'attraction magnétique, sur tous les
contours de la carte que cache la feuille de papier

et cette carte apparaîtra, reproduite sur le papier par la limaille.

Il va sans dire que l'on peut reconstituer ainsi n'importe quel dessin.

Le puits merveilleux.

Construisez un puits en carton A, de 28 centimètres de hauteur et de 16 centimètres de diamètre

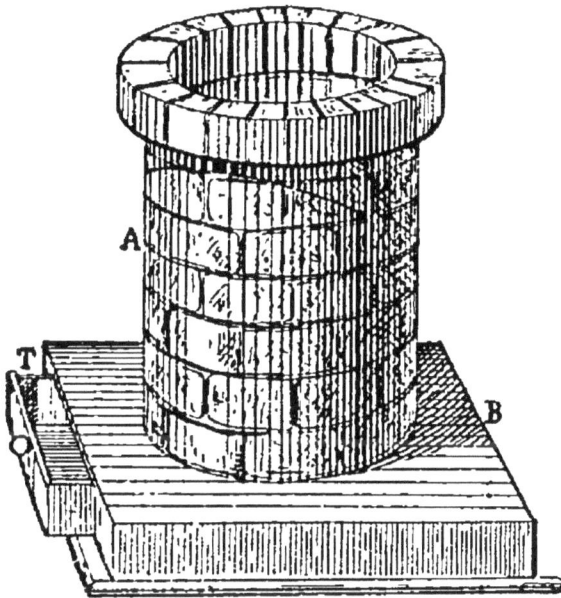

Fig. 40.

et posez-le sur un socle B dans lequel jouera un tiroir T (fig. 40). Le puits aura, à l'intérieur, la forme d'un tronc de cône renversé ; son diamètre ne devra être en G, que de 6 centimètres environ (fig. 41).

Au-dessus du socle et à 15 millimètres au-dessous

du fond du puits, fixez un miroir H, assez convexe
pour qu'en s'y regardant par l'ouverture du puits la

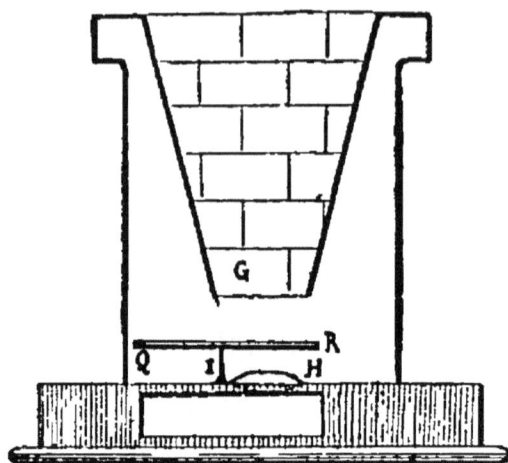

Fig. 41.

tête et la partie supérieure du buste y apparaissent
tout entiers.

Au point I du socle, placez, sur un pivot, une
aiguille aimantée QR, tournant sur un disque de

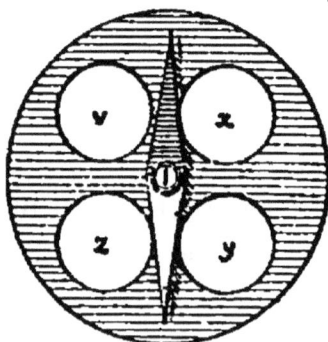

Fig. 42.

carton de 14 centimètres de diamètre, partagé en
quatre parties dans chacune desquelles vous aurez
tracé un cercle (fig. 42). Le cercle z sera découpé à

jour, tandis que vous peindrez dans les trois autres diverses coiffures, *en laissant la tête en blanc.* Reproduisez ensuite ces quatre peintures sur quatre petits tableaux (fig. 43) que vous puissiez faire entrer dans le tiroir T, *en complétant le dessin et le coloris des traits des personnages.*

Derrière chacun de ces quatre tableaux vous

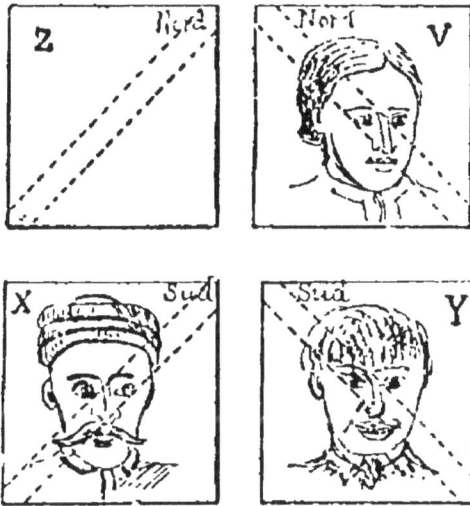

Fig. 43.

dissimulerez un barreau aimanté, ajusté dans la position indiquée par la figure.

Quand on aura glissé dans le tiroir un des tableaux, le barreau aimanté de ce tableau fera tourner sur son pivot le disque boussole, de manière à présenter une coiffure pareille à celle du tableau. Si, alors, se plaçant du côté du tiroir et penchant la tête, quelqu'un regarde au fond du puits, il y verra son portrait en miniature, avec la coiffure peinte sur la partie du disque que l'aimant du tableau a fait paraître.

En plaçant dans le tiroir le tableau z, qui est blanc, le cercle vide tracé sur le disque se présentera à l'ouverture et l'on se verra dans le fond du puits tel que l'on est.

Il est bon de se servir d'abord du tableau z. Quand les spectateurs se sont vus au naturel, on les coiffe tour à tour.

Pour ajouter à l'agrément de cette expérience et en diversifier les effets, on pourra se munir d'un assez grand nombre de tableaux, dont chacun donnera une coiffure différente.

Il va sans dire, d'ailleurs, qu'au lieu de coiffer des têtes, on peut, en se servant du même appareil et en modifiant seulement les dessins dont on charge les tableaux, produire des cadres quelconque. C'est à l'expérimentateur qu'il appartient de choisir des sujets propres à intéresser et à amuser.

DEUXIÈME PARTIE
CHIMIE

Globes enflammés sortant de l'eau.

Jetez dans un verre d'eau rempli à moitié un morceau de phosphure de calcium ; presque aussitôt de petits globules s'élèveront à la surface de l'eau et s'enflammeront à l'air en produisant une explosion et en lançant des couronnes de fumée blanche.

Écriture lisible dans l'obscurité.

Introduisez un morceau de phosphore solide dans un tube et tracez avec son extrémité des caractères sur une feuille de papier. Si vous transportez cette feuille dans une chambre obscure, les caractères apparaîtront lumineux.

Liqueur qui brille dans les ténèbres.

Coupez un tout petit morceau de phosphore et mettez-le dans un demi-verre d'eau claire que

vous ferez bouillir dans un petit vase de terre sur
un feu modéré. Prenez ensuite un flacon de verre
bien transparent se fermant avec un bouchon à
l'émeri, ouvrez-le et mettez-le dans de l'eau
bouillante ; puis, l'ayant retiré, videz-le et remplis-
sez-le de votre eau phosphorée bouillante. Bouchez immédiatement le flacon, et, afin que l'air
n'y puisse absolument pas pénétrer, entourez le
bouchon de mastic.

Ce flacon brillera dans l'obscurité pendant plusieurs mois, sans qu'il soit nécessaire d'y toucher.
Si on le secoue, on verra, particulièrement quand
le temps est chaud et sec, des éclairs très brillants
s'élancer de l'eau.

Si l'on entoure le flacon d'un papier découpé,
on pourra former des dessins qui pendant la nuit
apparaîtront lumineux.

Les deux poupées.

Procurez-vous deux petites poupées de bois.
Mettez dans la bouche de la première un tube très
étroit dans lequel vous introduirez quelques grains
de poudre de chasse retenus par un petit morceau
de papier, — dans la bouche de la seconde, un
autre tube dans lequel vous insérerez un peu de
phosphore.

Si vous présentez à la première poupée, tout
près de sa bouche, une bougie allumée, la poudre
fera explosion et la bougie s'éteindra ; et si alors
vous approchez immédiatement la bougie éteinte

de la bouche de la seconde poupée, le phosphore s'enflammera et rallumera cette bougie.

Le coup double.

Près d'une bougie allumée, posez une seconde bougie, éteinte, mais bien éméchée, et garnie, à la partie supérieure de sa mèche, d'un tout petit morceau de phosphore. Si vous tirez de très près sur ces bougies avec un pistolet chargé à poudre, celle qui est allumée s'éteindra et celle qui est éteinte se rallumera.

L'eau enflammée.

Dans de l'acide sulfurique étendu de, cinq fois son poids d'eau, mettez de la limaille de zinc et quelques morceaux de phosphore. La surface du liquide se couvrira immédiatement de flammes et le liquide lui-même sera sillonné par des traînées de feu.

Un masque lugubre.

Avec six parties d'huile d'olive et une partie de phosphore digérées au bain de sable on obtient une solution avec laquelle on peut impunément se frotter la figure. Après cette opération, le visage se couvre d'une flamme bleuâtre au milieu de laquelle les yeux et les lèvres apparaissent en taches noires.

Recette pour dorer ou argenter l'écriture.

Écrivez avec du mordant (vernis liquide que l'on peut se procurer chez tous les marchands de produits chimiques), comme vous écririez avec de l'encre ordinaire. Quand les caractères sont secs, appliquez sur le papier une feuille d'or ou d'argent (ou même de la poudre), que vous faites adhérer aux lettres au moyen d'une légère pression, et enlevez avec un pinceau très doux l'or ou l'argent répandu sur le papier.

Un volcan artificiel.

Avec 15 kilogrammes de soufre en poudre, 15 kilogrammes de limaille de fer et une quantité d'eau suffisante, faites une pâte que vous enterrerez à 60 centimètres de profondeur. Au bout de quelques heures, il se sera formé un petit volcan artificiel qui projettera des cendres et renversera tout ce qui pourrait s'opposer à son éruption.

Recette pour ramoner soi-même ses cheminées.

Dans un mortier légèrement chauffé, broyez et mélangez intimement trois parties de salpètre, deux parties de sel de tartre et une partie de fleur de soufre. Mettez une petite quantité de la poudre ainsi obtenue sur une pelle à feu et exposez cette

pelle à un feu clair dans le foyer de la cheminée.
La poudre fulminera bientôt dans le tuyau et la
suie tombera dans l'âtre.

Si un premier ramonage paraissait insuffisant,
on procéderait immédiatement à un second. L'opération ne comporte aucun danger.

Enflammer deux liquides froids en les mêlant.

Dans 30 grammes d'acide azotique faites tomber 20 gouttes d'acide sulfurique. Si vous versez
ce mélange sur de l'essence de térébenthine,
celle-ci s'enflammera instantanément.

Recette pour rendre leur fraîcheur à des fleurs fanées.

Si vous mettez tremper dans de l'eau bouillante
les tiges de fleurs fanées, ces fleurs se redresseront
et reprendront leur fraîcheur primitive au fur et
à mesure que l'eau refroidira.

Allumer du feu avec de l'eau.

Mettez de la chaux vive dans un vase et arro-
sez-la d'eau que vous verserez lentement jusqu'à
ce que vous obteniez une pâte presque liquide. Il
se dégagera de cette pâte une quantité de chaleur
suffisante pour enflammer le soufre, la poudre ou
le phosphore.

La pipe à gaz.

Bourrez une pipe en fer avec du charbon pilé en guise de tabac et fermez le fourreau avec de la terre glaise. Quand cette terre aura séché, chauffez graduellement le fourneau de la pipe : vous verrez bientôt sortir du tuyau du gaz qui brûlera avec une flamme blanche (fig. 44).

Fig. 44.

Cette petite expérience n'est autre chose qu'une reproduction en miniature du mode de fabrication du gaz de l'éclairage. Quand elle est terminée, on trouve comme résidu, dans le fourneau de la pipe, un peu d'huile de goudron et un morceau de coke.

4

Comme quoi un et un ne font pas deux.

Versez dans un flacon transparent, jusqu'en AB, de l'eau colorée avec quelques gouttes d'encre rouge ; puis versez au-dessus, le plus délicatement possible, de l'alcool jusqu'en CD. La densité de l'alcool étant plus faible que celle de l'eau, les deux liquides ne se mêleront pas (fig. 45).

Marquez, en y collant un morceau de papier, le

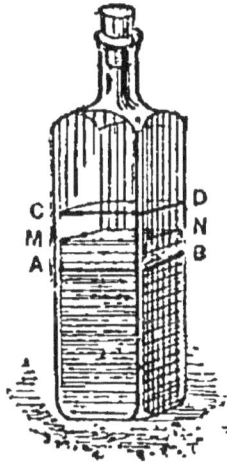

Fig. 45.

niveau CD, puis agitez la bouteille : le verre du flacon deviendra sensiblement chaud, et, quand il aura repris sa température primitive, le niveau de liquide sera en MN, au-dessous de CD.

Cette expérience est une application de la loi des volumes : quand deux corps se combinent, il y a presque toujours contraction de volume, c'est-à-dire que le volume du composé est moindre que la somme des volumes des composants.

Dans le cas précédent, l'eau et l'alcool se sont combinés dans le flacon au moment où ils ont été agités ensemble, ainsi que suffisait à le prouver la chaleur dégagée.

Procédé pour graver sur verre ou sur métal.

Étendez sur une feuille de verre ou sur une lame de métal une couche de vernis composé de cire vierge (50 p. 100) asphalte (25 p. 100) et mastic (25 p. 100), et dessinez sur ce vernis, avec un poinçon très fin, assez profondément pour mettre à nu la surface du verre ou du métal. Cela fait, versez sur le vernis de l'acide azotique concentré. Cet acide pénétrera par les lignes creuses jusqu'au verre ou au métal, qu'il attaquera ; quand il aura suffisamment mordu, vous enlèverez la couche de vernis en la dissolvant avec de l'essence de térébenthine, et le verre ou le métal portera le dessin gravé en creux.

C'est là le procédé ordinaire employé pour la gravure à l'eau-forte.

Recette pour graver en relief sur un œuf.

Lavez, essuyez et faites bien sécher un œuf à coquille épaisse. Écrivez ou dessinez sur cette coquille avec une plume trempée dans de la graisse chaude et plongez l'œuf dans du vinaigre blanc ou dans de l'acide sulfurique faible.

Au bout de trois heures, retirez l'œuf et lavez-le
à l'eau fraîche : l'écriture ou le dessin apparaîtra
en relief.

Les serpents de Pharaon.

Versez du sulfocyanure de potassium dans une
solution étendue d'azotate de mercure; vous ob-

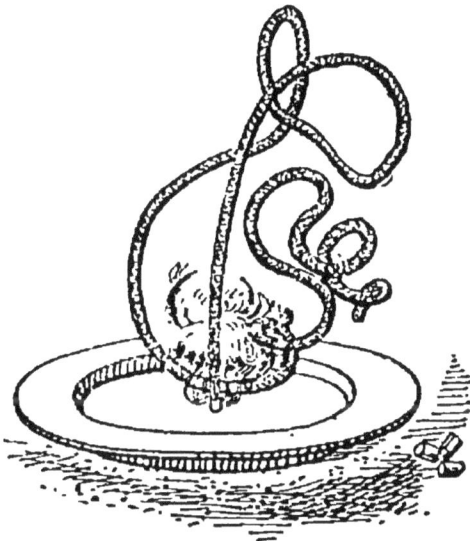

Fig. 46.

tiendrez une pâte blanche que vous rendrez con-
sistante par l'addition d'un peu de gomme. Vous
ferez avec cette pâte des cônes de 2 à 3 centimètres de hauteur.

Posés sur un assiette et enflammés à leur sommet, les cônes se boursouflent et s'allongent en
forme de serpents (fig. 46). L'illusion est d'autant
plus complète que la couleur de la substance cal-
cinée est la même que celle de la peau de la vi-
père.

Les larmes bataviques.

Si, trempant dans un verre en fusion une baguette de verre, on enlève une parcelle de ce verre, et qu'on la plonge immédiatement dans de l'eau froide, cette parcelle prendra la forme d'une larme (fig. 47).

Si l'on brise l'extrémité la plus mince de cette larme, la larme elle-même éclate et se réduit en poussière. Si l'expérience a eu lieu dans l'obscurité, il se dégage de la larme une vive lumière.

Fig. 47.

Si l'on met une larme batavique sur une enclume, on aura beau la frapper à coups de marteau, elle ne se brisera pas.

L'œuf élastique.

Si on laisse tremper un œuf dans du vinaigre pendant plusieurs heures, la coquille se ramollira au point qu'on pourra, en l'allongeant, le faire passer dans une bague, sans qu'il se casse.

L'œuf reprendra sa rigidité après être resté quelque temps dans de l'eau froide.

Procédé pour conserver les fleurs.

On peut garder des fleurs fort longtemps fraî-
ches en mettant un peu de charbon pilé dans l'eau
du vase où trempent leurs tiges.

Le briquet de Gay-Lussac.

L'appareil connu sous ce nom est une petite

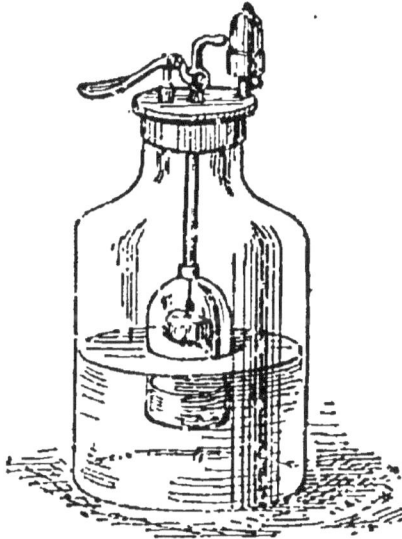

Fig. 48.

lampe qui s'allume d'elle-même sans le secours
d'aucune flamme. Elle contient une cloche de
verre renfermant un culot de zinc et de l'eau aci-
dulée, qui produiront de l'hydrogène. En pressant
un bouton placé à la partie supérieure de l'appareil, on livre passage à cet hydrogène, qui arrive

sur de la mousse de platine, s'enflamme, et met
le feu à la mèche de la lampe (fig. 48).

Une ingénieuse supercherie.

M. Gaston Tissandier a raconté dans la *Nature*
le tour suivant, qu'il a vu, dit-il, exécuté avec
grand succès devant un nombreux auditoire :

« L'opérateur prit un verre à boire parfaitement
transparent et le plaça sur une table. Il annonça
qu'il allait recouvrir le verre d'une soucoupe, et
que se tenant à distance, il ferait pénétrer dans le
verre la fumée d'une cigarette.

« Ce qui était annoncé s'exécuta. Tandis que
l'expérimentateur fumait au loin, le verre se remplit comme par enchantement d'une fumée blanche très abondante. »

La réalisation de ce phénomène est des plus
simples, dit M. Tissandier. « Il suffit de verser au
préalable dans le verre deux ou trois gouttes d'acide
chlorhydrique, et d'humecter la soucoupe, sur le
fond qui bouchera le vase, avec quelques gouttes
d'ammoniaque qui y adhéreront par capillarité.
Les deux liquides, ainsi versés avant que le verre
et la soucoupe ne soient présentés aux spectateurs, forment une couche si mince qu'ils pas-
sent inaperçus; mais quand ils sont mis en présence, au moment où la soucoupe est placée sur le
verre, ils donnent naissance à des vapeurs blanches de chlorhydrate d'ammoniaque. Ces vapeurs

offrent une complète ressemblance avec la fumée
de tabac. »

Une cristallisation instantanée.

On pourrait donner beaucoup d'exemples de cris-
tallisations instantanées ; le plus curieux est sans
doute celui auquel M. Péligot a eu recours dans
ses leçons de chimie au Conservatoire des Arts et
Métiers.

L'éminent chimiste dissout 150 parties d'hyposulfite de soude dans 15 parties d'eau et verse la
dissolution dans une éprouvette à pied, préalablement chauffée avec de l'eau bouillante qui la
remplit à moitié. Il dissout, d'autre part, 100 parties d'acétate de soude dans 15 parties d'eau bouillante, et il verse cette solution sur la première,
de façon qu'elle forme dans l'éprouvette une
couche supérieure à celle de l'hyposulfite de soude.
Enfin il recouvre les deux solutions d'une petite
couche d'eau bouillante et laisse refroidir sans
remuer l'éprouvette.

Quand tout est froid, M. Péligot descend dans
l'éprouvette un fil à l'extrémité duquel est fixé un
petit cristal d'hyposulfite de soude ; le cristal tra-
verse la solution d'acétate de soude sans la trou-
bler, mais dès qu'il pénètre dans la solution d'hyposulfite de soude, celui-ci cristallise.

Lorsque l'hyposulfite est pris en masse, M. Péligot descend dans la solution supérieure un cristal

d'acétate de soude suspendu à un autre fil, et ce sel cristallise à son tour.

Les végétations métalliques.

I. *L'arbre de Mars.* — Dans un grand verre à pied ou dans un socle creux, mettez de la limaille de fer sur laquelle vous verserez de l'acide azotique très étendu ; puis ajoutez de l'huile de tartre. Il se produira une vive effervescence et une multitude de branches s'amoncelleront dans le verre ou dans le socle, d'où elles sortiront sous l'aspect d'une plante métallique.

II. *L'arbre de Diane.* — Cet arbre s'obtient en décomposant une dissolution mixte d'argent et de mercure dans de l'acide azotique très étendu par un amalgame d'argent. En opérant dans une éprouvette ou dans un verre haut et étroit, l'arborescence se produit très rapidement.

III. On produit encore de jolies arborescences, mais qui n'ont pas l'éclat des précédentes, en mettant dans une éprouvette une dissolution de silicate de soude et en y laissant tomber un cristal de sulfate de protoxyde de fer ou de sulfate de cuivre. Les filaments obtenus par ce procédé sont des mélanges de silicate de fer ou de cuivre et de carbonate de potasse.

IV. *L'arbre de Jupiter.* — On l'obtient en faisant

agir, en présence de l'eau, de l'acide azotique sur le chlorhydrate d'étain.

V. *L'arbre de Saturne.* — On l'obtient en décomsant au moyen d'une lame de zinc une solution d'acétate neutre de plomb; on peut rendre l'arbo-

Fig. 49.

rescence plus belle en fixant à la lame de zinc quelques fils de laiton qui simulent les branches et se recouvrent de cristaux de plomb (fig. 49).

VI. *Végétation de l'argent sur une glace.* — Versez un peu d'azotate d'argent en dissolution et étendu du double de son poids d'eau sur une glace (ou sur une ardoise) que vous aurez couverte de tiges de zinc ou de cuivre. Au bout de quelques heures, il se formera autour de ses tiges une végétation d'argent.

La corbeille cristallisée.

Filtrez au papier gris une dissolution d'alun que vous ferez ensuite bouillir doucement. Quand elle sera ainsi débarrassée d'environ la moitié de l'eau qu'elle contient, versez-la, chaude encore, dans un vase de terre où vous aurez placé une corbeille d'osier ou de fil de fer recouvert de laine. Au fur et à mesure que la dissolution refroidira, la corbeille se recouvrira de très beaux cristaux.

On peut obtenir une cristallisation colorée en colorant la dissolution d'alun. Une infusion de garance et de cochenille donnera des cristaux cramoisis, le safran donnera des cristaux jaunes, l'encre de Chine gommée des cristaux noirs, l'indigo dissous dans l'acide sulfurique des cristaux bleus, le chlorhydrate de fer des cristaux verts.

Eaux colorées.

On obtient de l'eau bleue par l'addition d'une dissolution d'ammoniure de cuivre ; de l'eau verte, avec du chlorhydrate de cuivre ; de l'eau rouge, avec une décoction de bois de Fernambouc additionnée d'alun ; de l'eau jaune, avec de la potasse ; de l'eau violette, avec de la teinture alcoolique d'oseille.

Procédés pour substituer une couleur à une autre.

1. Pour changer en vert la couleur jaune de la teinture de safran, ajouter de la teinture de roses rouges.

2. Pour changer de la teinture de violettes en cramoisi, ajouter de l'acide sulfurique.

3. Pour changer en bleu de la teinture de roses rouges, ajoutez du sous-carbonate d'ammoniaque.

4. Pour changer en jaune une solution brune des sels contenus dans les cendres, ajoutez du vitriol de Hongrie.

5. Pour changer en noir de la teinture de roses rouges, ajoutez du vitriol de Hongrie.

6. Pour changer en rouge une dissolution verte de cuivre, ajouter de la teinture de cyanus (bluet).

7. Pour changer en noir une solution verte de sulfate de cuivre, ajoutez une infusion de noix de galle.

Le ruban rose décoloré et recoloré.

Un ruban rose mis dans un verre contenant de l'acide azotique très étendu est immédiatement décoloré. Pour lui rendre sa coloration, il suffit de le soumettre à l'action de l'ammoniaque étendue.

Un liquide décoloré et recoloré.

Si vous faites réagir de l'ammoniaque sur de la limaille de cuivre, vous obtenez un liquide bleu, qui, enfermé dans un flacon bien bouché, aura perdu sa coloration au bout de deux ou trois jours. Pour que cette coloration reparaisse, il suffira d'ouvrir le flacon.

Teindre en rouge avec un liquide incolore.

En versant de l'eau de chaux sur du jus de betterave, on obtient un liquide incolore; mais si l'on plonge dans ce liquide un linge blanc, ce liquide deviendra rouge en séchant à l'air.

La rose changeante.

Faites brûler du soufre et exposez à sa fumée une rose rouge épanouie. Cette rose deviendra blanche.

Pour que la fleur reprenne sa couleur primitive, il suffit de laisser tremper sa tige dans l'eau pendant plusieurs heures.

Rendre des violettes rouges, vertes ou blanches.

Après avoir humecté les violettes avec de l'eau,

5

on les soumet à l'action des réactifs suivants, qui les colorent :

Le gaz acide chlorhydrique, en rouge ;

Le gaz ammoniac, en vert ;

Le chlore ou la vapeur de soufre, en blanc.

Les encres sympathiques.

On appelle *encres sympathiques* certains liquides qui, déposés à l'état d'écriture ou de dessin sur du papier, de la toile ou de la soie, y laissent des traces invisibles qui se colorent par l'action de la chaleur ou de réactifs appropriés.

1. *Encre sympathique noire.* — Elle se compose de bismuth dissous dans de l'acide azotique. Les caractères incolores formés avec cette encre deviendront noirs si on les expose à la vapeur d'un alcali fixe.

Les caractères tracés avec du vitriol fraîchement dissous dans de l'eau additionnée d'acide azotique deviennent noirs si l'on y passe, avec un pinceau, de la noix de galle infusée et non bouillie.

2. *Encre sympathique rose.* — Faites dissoudre du safre (oxyde bleu de cobalt) dans de l'eau-forte et ajoutez un peu de salpêtre purifié. En mélangeant le produit dans de l'eau, vous obtiendrez une encre rose qui disparaîtra en séchant et reparaîtra à la chaleur.

3. *Encre sympathique brune.* — Écrivez sur du papier blanc avec de l'acide sulfurique très étendu. Vous tracerez ainsi des caractères qui deviendront invisibles en séchant, mais que vous n'aurez qu'à soumettre à l'action de la chaleur pour les faire reparaître en brun.

4. *Encre sympathique blanc d'argent.* — Écrivez sur du papier fort et bien collé avec une solution d'eau végéto-minérale (suracétate de plomb). Les caractères apparaîtront avec des reflets argentés quand vous les exposez à des vapeurs d'hydrogène sulfuré.

5. *Encre sympathique verte.* — Mêlez une infusion de violettes à une solution de sel de tartre ; l'encre paraîtra verte par l'action d'un extrait peu concentré de violette, de pensée ou de reine-marguerite.

6. *Encre sympathique rouge.* — Cette encre se compose d'acide azotique étendu de dix fois son volume d'eau ; elle apparaît par l'action de l'extrait de violette, de pensée ou de reine-marguerite.

7. *Encre sympathique violette.* — Cette encre n'est autre chose que du jus de citron que l'on traitera par l'un des extraits de fleurs déjà cités.

8. *Encre sympathique jaune.* — On l'obtient en

faisant macérer pendant huit ou dix jours de la fleur de souci dans du vinaigre blanc distillé. Traiter comme ci-dessus.

Le jus de citron donne une encre sympathique brune, le suc de l'oignon une encre sympathique noirâtre, et le jus de cerise une encre verdâtre; l'acide acétique produit une écriture rouge pâle. Toutes ces encres doivent être traitées par la chaleur.

On peut se servir d'encres sympathiques différentes pour composer des tableaux, orner des écrans ou des éventails, etc. Quand ces encres apparaîtront, l'effet qu'elles produiront ne manquera pas de surprendre agréablement.

Autres encres particulières.

1° *Encre verte.* — Cette encre s'obtient en faisant dissoudre du safre en poudre (oxyde bleu de cobalt) dans de l'eau régale que l'on soumettra pendant vingt-quatre heures à l'action d'un feu très doux, et en ajoutant plus ou moins d'eau, suivant que l'on veut avoir un vert plus foncé ou plus tendre.

2. *Encre pourpre.* — Dissolvez de l'oxyde bleu de cobalt dans de l'eau-forte, ajoutez un peu de sel de tartre et étendez d'eau.

3. *Encre lisible dans l'eau.* — Écrivez avec une forte dissolution d'alun de roche sur du papier

d'office (papier mou et très peu collé) et laissez sécher. Si vous étendez ce papier sur une assiette et que vous le couvriez d'une nappe d'eau, le papier jaunira et l'écriture s'y détachera en blanc mat.

4. *Encre d'or.* — Une dissolution d'or dans l'eau régale donne une encre qui, soustraite à l'action des rayons solaires, devient incolore en séchant. Pour faire apparaître les caractères tracés avec cette encre, il suffit de les exposer pendant deux heures au soleil.

Si l'on veut donner à cette encre la couleur pourpre, on passera sur le papier, avec une éponge ou avec un pinceau, de l'eau saturée d'étain dissous dans l'eau régale.

5. *Encres indélébiles.* — L'encre indélébile la plus communément employée se compose d'encre de Chine délayée dans de l'eau et rendue alcaline par l'addition de soude caustique.

L'encre à marquer le linge est un composé d'azotate d'argent dissous dans de l'eau gommée et colorée avec de l'encre de Chine.

Crayon sympathique.

Avec ce crayon, on peut écrire sur le verre. C'est un mélange de craie d'Espagne et de sulfate de cuivre. Quand les caractères sont tracés, on essuie très légèrement le verre avec un linge: il n'y aura alors qu'à souffler pour que les caractères apparaissent.

Recettes pour enlever les taches d'encre ou l'écriture.

Pour enlever des taches d'encre ou des caractères écrits sur une feuille de papier, il suffit de verser sur le papier de l'eau de chlore. — On peut aussi se servir de sel d'oseille légèrement étendu d'eau. — On arrive encore au même résultat au moyen d'un mélange de 30 grammes d'eau-forte avec 15 grammes d'ambre pilé; pour éviter que le papier jaunisse, on le lave avec de l'eau ordinaire tout de suite après l'opération.

La question et la réponse.

Avec de l'encre ordinaire, écrivez en tête de plusieurs carrés de papier des questions au-dessous desquelles vous écrirez les réponses avec de l'encre sympathique d'or. Faites choisir à différentes personnes, parmi ces questions, celle à laquelle elles voudraient avoir une réponse et donnez-leur le carré de papier qui la contient en promettant que la réponse apparaîtra d'elle-même. Le lendemain ou le surlendemain, sous l'influence de la lumière solaire, la réponse que vous avez écrite avec l'encre d'or sera, en effet, devenue visible.

Le caméléon minéral.

Le caméléon minéral, découvert par Scheele, est un composé de salpêtre et de bioxyde de manganèse.

Ce corps jouit de propriétés curieuses.

Si l'on en dépose au fond d'un verre une faible quantité et que l'on ajoute de l'eau froide, la liqueur se colorera d'abord en vert, puis passera au pourpre et arrivera enfin au rouge.

Si maintenant on se sert d'eau chaude au lieu de se servir d'eau froide, on obtiendra une couleur violette qui passera bientôt au cramoisi; et la coloration sera, dans ce cas, d'autant plus intense que l'on aura opéré sur une grande quantité de caméléon.

En employant 53 centigrammes de caméléon pour un demi-litre d'eau froide, les colorations verte, pourpre et rouge apparaîtront à très peu d'intervalle.

Si l'on s'est, par inadvertance, écarté de la proportion précédente, et que les transformations soient lentes à s'opérer, on pourra les activer en versant quelques gouttes d'acide azotique dans le verre.

TROISIÈME PARTIE
EXPÉRIENCES DIVERSES

Le verre sorcier.

Prenez un verre à boire et posez-le sur une rondelle de carton que vous maintiendrez solide-

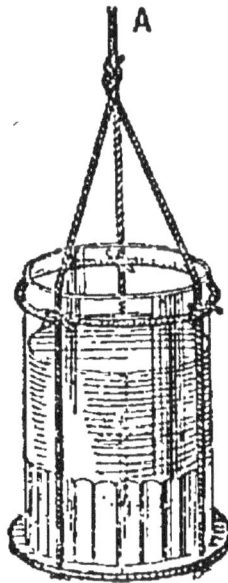

Fig. 50.

ment par un réseau de ficelles, comme l'indique la figure 50.

Versez de l'eau dans ce verre, saisissez la ficelle en A et faites tourner rapidement le verre comme vous feriez tourner une fronde. L'eau ne tombera pas, même quand le verre passera par la position verticale de haut en bas.

Cette expérience est une application des lois relatives à la force centrifuge.

Amis et ennemis.

Prenez quatre de ces petites balles de liège

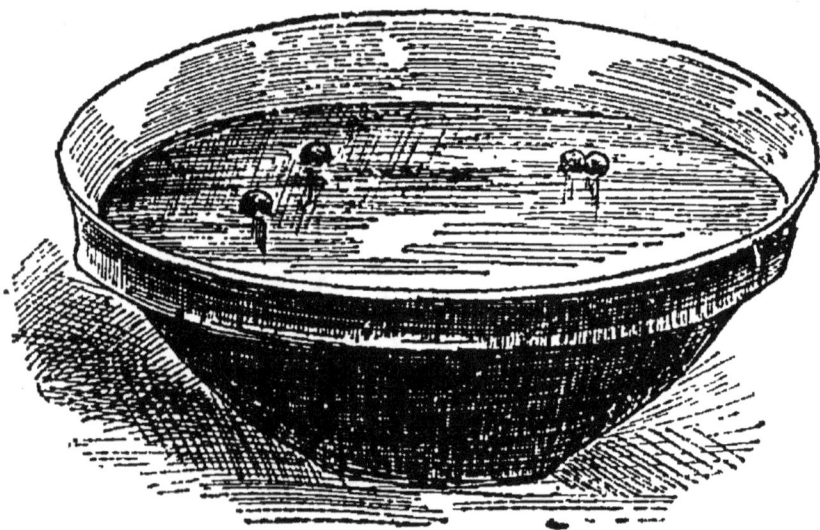

Fig. 51.

dont se servent les escamoteurs; graissez-en deux en les enduisant de suif.

Jetez celles qui ne sont pas graissées dans une cuvette contenant de l'eau. Vous remarquerez qu'elles s'attireront réciproquement lorsqu'elles se trouveront l'une près de l'autre. Faites de même avec les deux balles graissées; elles s'attireront également. Mettez ensuite sur l'eau une

balle graissée et une non graissée, vous les
verrez, au contraire, se repousser brusquement
(fig. 51).

Les aiguilles flottantes.

Enduisez légèrement de suif des aiguilles à coudre
et déposez-les délicatement sur l'eau : au lieu de

Fig 52.

s'y enfoncer, elles flotteront à sa surface. C'est
ainsi que certains insectes, dont les pattes sont
naturellement grasses, peuvent marcher sur l'eau
(fig. 52).

Le suif est destiné à empêcher l'eau de mouiller
les aiguilles; aussitôt que ces aiguilles seront
mouillées, elles plongeront.

Un siphon sans tube.

Mouillez fortement une mèche de lampe et met-
tez-en les deux extrémités dans deux verres placés
à des niveaux différents. Si vous versez de l'eau

Fig. 53.

dans le verre le plus élevé, vous verrez cette
eau se transvaser peu à peu dans l'autre verre, en
passant par la mèche, faisant office de siphon
(fig. 53).

La grêle artificielle.

Découpez dans du carton épais une vingtaine de

disques de 10 à 12 centimètres de diamètre ; percez
chacun de ces disques d'un trou central de 2 centimètres et demi de diamètre et pratiquez une incision allant du trou central à la circonférence
(fig. 54). Joignez ensuite tous ces disques, de manière que les parties incisées soient voisines les unes
des autres et forment par leur réunion la figure
d'une vis.

Cela fait, enfilez tous les disques sur une ba-

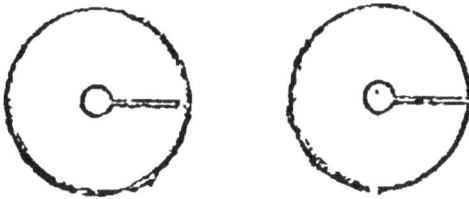

Fig. 54.

guette de bois, et, sans changer les positions relatives des incisions, collez avec de la colle forte ces
disques sur la baguette, en les espaçant de 2 centimètres et demi environ.

Enveloppez alors l'appareil d'un étui de parche-
min bien tendu, fermez l'une des extrémités de
cet étui et introduisez par l'extrémité restée ouverte
500 grammes de plomb de chasse. Fermez enfin
la seconde extrémité de l'étui.

Il suffit de retourner l'appareil ou de l'agiter
pour que les grains de plomb produisent, en dé-
gringolant à travers les disques, une crépitation
absolument semblable à celle de la grêle contre les
vitres.

Les éclairs artificiels.

On produit des éclairs artificiels par deux procédés.

Le premier de ces procédés est en usage dans les théâtres. On se sert d'une longue pipe de fer-blanc, dont la tête contient de la poudre de lycopode (soufre végétal), déposée dans un récipient placé un peu en arrière d'une lampe à alcool. Quand on souffle dans le tuyau de la pipe, la poudre de lycopode est projetée sur la flamme de la lampe, brûle et sort de la pipe avec des lueurs qui produisent sur le public une illusion complète.

Le second procédé consiste à faire évaporer de l'alcool camphré dans une chambre et dont on a hermétiquement bouché les fenêtres et où l'obscurité est profonde. Dès qu'une personne entrera dans la chambre avec une lumière, l'air paraîtra s'enflammer et des éclairs artificiels brilleront. — Cette expérience est absolument sans danger.

Manières de produire l'incombustibilité.

On peut rendre les étoffes incombustibles et la peau du corps insensible à l'action de la chaleur par l'emploi d'une solution d'alun évaporée et devenue spongieuse; après s'être frotté la main avec cette solution, on touchera un fer rouge sans éprouver la moindre douleur. Les cheveux seront également rendus incombustibles après des frictions semblables.

La langue enduite d'une pâte composée de savon saturé d'alun supportera sans brûlure le contact du fer rouge ou de l'huile bouillante.

En frottant les étoffes légères, les mousselines et les gazes, par exemple, avec un mélange de blanc d'Espagne et d'amidon, on les rend incombustibles.

Les bois deviennent incombustibles quand ils sont imprégnés d'une dissolution concentrée d'alun, de vitriol vert (sulfate de fer) ou de glycérocolle (mélange de glycérine et de gélatine). On obtient encore l'incombustibilité au moyen du phosphate d'ammoniaque ou de cuivre, de silicate de potasse, de l'acide borique et du chlorure de potassium.

Enfin, il existe un tissu naturellement incombustible : c'est le tissu d'amiante.

La glace inflammable.

Faites fondre sur un feu doux du blanc de baleine (1) avec de l'huile essentielle de térébenthine distillée. Il se forme une liqueur transparente qui se congèle en deux ou trois minutes quand on la met dans un lieu frais. Si la saison est très chaude, il sera bon, pour favoriser la congélation,

---

(1) Matière grasse que l'on retire du cerveau de la baleine.

de plonger dans de l'eau froide le vase où est con-
tenue la liqueur.

Si l'on verse sur cette liqueur glacée de l'acide
azotique concentré, elle s'enflammera instantanément et se consumera tout entière.

Un crayon qui coupe le verre.

M. Gaston Tissandier a donné, dans le journal
La Nature, un moyen très curieux de découper une
bouteille en une spirale élastique. Il mélange et
délaye dans de l'eau :

180 grammes de noir de fumée,
 60 grammes de gomme arabique,
 23 grammes de gomme adragante,
 23 grammes de benjoin,

et avec la pâte ainsi obtenue il forme une espèce de
crayon très pointu qu'il rougit au feu. Ce crayon
coupe le verre très facilement, de sorte que si on
le promène autour d'une bouteille en suivant une
spirale, on découpera cette bouteille en une bande
continue et élastique.

L'œuf sauteur.

En soufflant avec beaucoup d'énergie dans un
petit verre contenant un œuf dur, on arrive à faire
sauter l'œuf en dehors du verre. Il est même possible aux gens habiles et doués de poumons très
solides de faire passer par le même procédé un
œuf dur d'un verre dans un autre placé à côté.

Un jet d'eau économique.

Remplissez d'eau aux trois quarts un flacon à deux tubulures. Dans l'intérieur du bouchon B, fermant hermétiquement le flacon, faites passer un tube étroit dont l'extrémité inférieure plongera dans l'eau, et dans l'intérieur du bouchon C, fer-

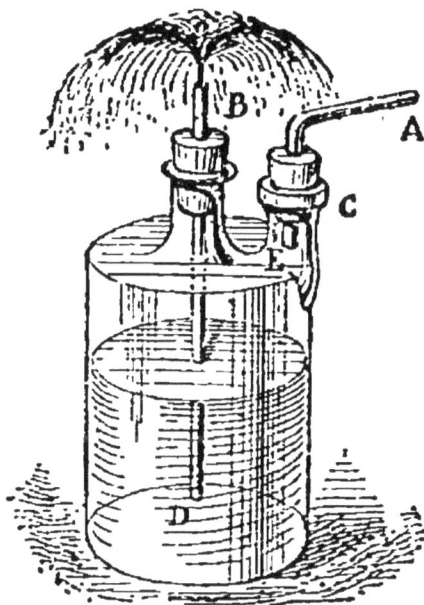

Fig. 55.

mant aussi hermétiquement l'ouverture latérale, faites passer un autre tube AC dont l'extrémité E, sera au-dessus de l'eau (fig. 55). Si vous soufflez fortement en A dans le tube ACE, ou si par un procédé quelconque vous envoyez par ce tube de l'air dans le flacon, la pression qui s'exercera sur la surface de l'eau obligera le liquide à monter dans le tube DB et à s'échapper en un jet, qui se prolongera, pourvu que l'on introduise de l'air rapidement, aussi longtemps que l'extrémité inférieure du tube BD plongera dans l'eau.

Illumination de l'eau.

Jetez dans un verre d'eau un morceau de sucre imbibé d'éther sulfurique. L'eau s'illuminera et produira dans une chambre noire un fort bel effet.

En soufflant légèrement à la surface de l'eau, on formera des ondulations lumineuses.

Les gouttes d'eau capricieuses.

Saupoudrez de lycopode une feuille de papier blanc et laissez-y tomber un peu d'eau; cette eau se formera immédiatement en gouttelettes distinctes qui rouleront sur le papier avec une étonnante rapidité.

L'eau changée en vin.

Prenez deux fioles en fer-blanc, d'égale capacité, mais telles que le goulot de l'une puisse s'emboîter dans le goulot de l'autre. Remplissez la première de ces fioles avec de l'eau et la seconde avec du vin. Si vous fixez par le goulot la première fiole dans la seconde, après l'avoir renversée, l'eau, qui est plus lourde que le vin, descendra peu à peu dans la fiole inférieure et y remplacera le vin qui montera dans la fiole supérieure.

La bouteille qui se vide quand on la débouche.

Percez de plusieurs petits trous le fond d'une bouteille ; plongez cette bouteille dans l'eau jusqu'au goulot, remplissez-la d'un liquide quelconque

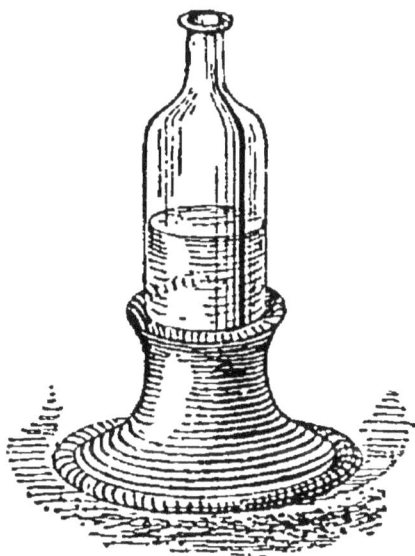

Fig. 56.

et bouchez-la hermétiquement. Vous pourrez la retirer de l'eau sans que son contenu s'échappe par les trous. Posez alors la bouteille sur un socle creux et débouchez-la ; immédiatement le liquide qu'elle renferme s'échappera et elle se videra automatiquement, au grand étonnement des spectateurs qui ne savent pas qu'elle est percée (fig. 56).

Les esprits sauteurs.

On donne ce nom à un petit jouet qui n'est autre chose qu'un thermoscope (fig. 57). Ce jouet se compose d'un double tube de verre rempli d'alcool. La partie ombrée de la figure est recouverte d'un papier argenté qui cache deux figurines. La chaleur

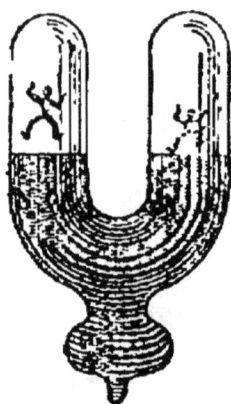

Fig. 57.

de la main suffit pour faire monter dans les deux parties du tube les figures, qui sautent, bondissent et s'agitent d'une façon fort divertissante.

La poupée à cheval sur l'eau.

A une poupée de liège, peinte et légèrement costumée, ajustez un cône creux très mince, fait avec une feuille de laiton. Placée à l'extrémité d'un jet d'eau vertical, cette poupée se tiendra en équilibre, valsera, montera si le jet s'élève, descendra s'il descend.

Une sphère de cuivre très mince, d'environ
3 centimètres de diamètre, se maintiendra également en équilibre sur le jet d'eau.

Le globe hydraulique.

Percez de petits trous une sphère creuse en
cuivre ou en plomb, de manière que l'ensemble
de ces trous ne laisse pas échapper une quantité
de liquide supérieure à celle que débite un jet
d'eau à l'extrémité duquel vous fixerez la sphère.
Lorsque vous ouvrirez le jet, l'eau, fortement
projetée, s'échappera par les ouvertures de la
sphère en formant une fort belle gerbe liquide.

Le soleil hydraulique.

A l'extrémité d'un tube coudé A, vissé au bec

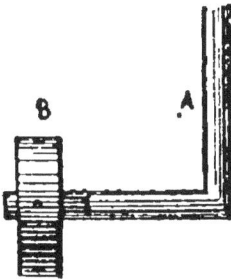

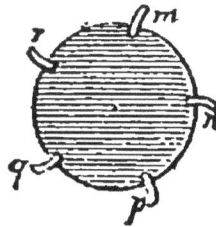

Fig. 58.   Fig. 59.

d'un jet d'eau, ajustez, de manière à ce qu'il
puisse y tourner librement, un disque creux B,
en cuivre (fig. 58). Divisez la circonférence de ce
disque en cinq parties égales et aux points de di-

vision adaptez de petits tubes *mnpqr* légèrement recourbés (fig. 59).

Quand l'eau arrivera par le tube A dans l'intérieur du disque, elle s'échappera par les tubes

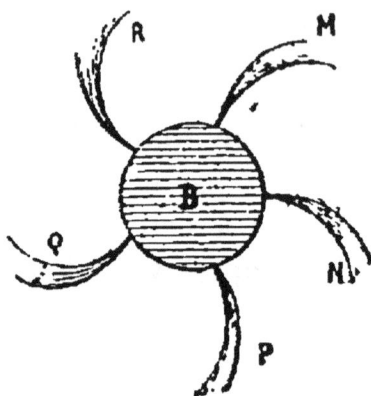

Fig. 60.

mnpqr et le disque se mettra en mouvement. Les cinq gerbes MNPQR formeront un soleil liquide analogue aux soleils des artificiers (fig. 60).

Le coq hypnotisé.

Prenez un coq et placez-le sur une table de couleur foncée; appliquez-lui le bec en un point A de la table et maintenez-le ainsi pendant que l'on trace sur la table, avec de la craie, une ligne blanche. L'animal suivra des yeux le tracé de cette ligne; et quand elle aura atteint une longueur de 40 à 50 centimètres, il sera devenu cataleptique. Il restera absolument immobile, les yeux fixes, pendant une minute environ, à la

même place et dans la position où il fallait tout
à l'heure le retenir par la force (fig. 61).

L'expérience réussit également bien si on trace

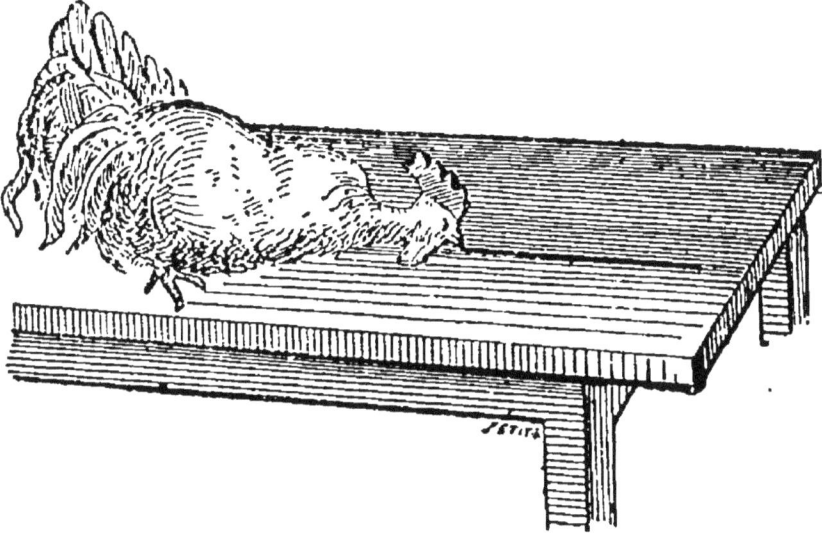

Fig. 61.

une *ligne noire* sur une table de *bois blanc*.

Les poules ne subissent pas l'influence de
l'hypnotisme au même degré que les coqs.

Trouer une planche avec une chandelle.

Dans un fusil chargé à poudre, mettez, en guise
de balle, un bout de chandelle et tirez contre une
planche peu épaisse ; celle-ci sera percée comme
avec du plomb.

Transformation soudaine.

Trempez de l'étoupe de chanvre ou de la ouate
dans un mélange de safran et de gros sel dissous

dans de l'esprit-de-vin; éteignez toutes les lumières, mettez le feu à l'étoupe et agitez l'esprit-de-vin avec une spatule de fer. A la lueur de la flamme, les visages des personnes présentes paraîtront d'un vert livide et leurs lèvres bronzées.

Le marron-veilleuse.

Pelez un marron d'Inde, percez-le de trous avec une grosse épingle et laissez-le séjourner dans l'huile pendant vingt-quatre heures; enfin, introduisez à l'intérieur un peu de mèche de coton. Vous aurez ainsi constitué une veilleuse originale; le marron flottera à la surface d'un verre d'eau et la mèche brûlera.

Les quatre éléments.

C'est une loi bien connue de l'hydrostatique que, lorsqu'on verse dans un vase des liquides de densités différentes, ces liquides se superposent en tranches horizontales, le liquide le plus dense occupant le fond du vase et les autres liquides se plaçant au-dessus du premier dans l'ordre décroissant de leurs densités.

C'est sur ce principe qu'est fondée l'expérience dite des quatre éléments.

Sur la paroi d'un flacon de verre bien transparent marquez quatre divisions avec de petites bandes de papier sur lesquelles vous inscrivez, en commençant par le bas : *terre, eau, air, feu;* puis remplissez ces divisions avec les substances suivantes :

1° De l'émail noir grossièrement concassé ;

2° Du tartre calciné, teinté d'azur ;

3° De l'eau-de-vie colorée en vert ;

4° De l'essence de térébenthine rougie avec de l'orcanète (plante tinctoriale de la famille des borraginées). Bouchez ensuite le flacon à l'émeri. Si l'on agite ce flacon, les quatre substances qu'il contient s'entremêlent et se confondent; c'est le *chaos*. Mais si on laisse reposer, ces substances se séparent et forment quatre tranches horizontales bien distinctes. En haut du flacon, l'essence de térébenthine rougie représente le feu; le tartre azuré représente l'air, l'eau-de-vie verdie représente l'eau et l'émail noir représente la terre.

L'éclosion miraculeuse.

Il est un moyen très simple de faire éclore des fleurs en hiver, si l'on a eu le soin de couper sur leurs tiges, à l'époque de la floraison, des boutons bien formés, d'enduire les extrémités des tiges de cire à cacheter et de conserver les boutons fanés à l'abri de l'humidité.

Pour obtenir un épanouissement immédiat, il suffit d'enlever la cire et de faire tremper les tiges dans de l'eau salée.

Une dame obéissante.

Formez sur un damier (ou sur une table) une pile de dames. Vous pourrez très facilement faire sortir de cette pile une des dames placées à sa partie inférieure sans renverser les autres. Il suffira, pour cela, de prendre l'un des petits couvercles à coulisse du damier (ou une règle plate) et d'appliquer, avec son tranchant, un coup sec et violent sur la dame que l'on veut enlever.

FIN.

TABLE DES MATIÈRES

PREMIÈRE PARTIE. — Physique.

CHAPITRE PREMIER. — EXPÉRIENCES RELATIVES A LA
PESANTEUR, A L'ÉQUILIBRE ET AU CENTRE DE GRAVITÉ.

Expériences à faire à table.....................   1
Variantes des expériences précédentes..........   4
Le tour des trois bâtons.......................   5
Le jeu du bobéchon.............................   7
Un maître coup de bâton........................   8
La chaise et le lustre en équilibre............   9
L'entêté.......................................   13
Le disque magique..............................   14
Le lève-pierre.................................   14
Une applique obéissante........................   15
Le briquet à air...............................   16
Le ludion......................................   16

CHAPITRE II. — EXPÉRIENCES RELATIVES A LA CHALEUR.

La boule magique...............................   19
Une génération spontanée.......................   20
La viande gâtée................................   21

Une flamme qui ne brûle pas.................... 21
Un feu d'artifice dans un flacon................ 22
Une lampe sans flamme........ 23
La force de la glace........................... 24
Eau bouillante sans feu........................ 25

CHAPITRE III. — EXPÉRIENCES ET PHÉNOMÈNES D'ACOUS-
TIQUE ET D'OPTIQUE.

Un carillon interrompu.................... 27
La poutre-téléphone............................. 28
Le concert des verres........................... 28
Faire sept francs avec une pièce de deux francs... 29
Un microscope peu coûteux..................... 30
La chambre noire............................... 31
Un arc-en-ciel improvisé....................... 31
Le thaumatrope................................ 32
Le praxinoscope.............................. 33
Le kaléidoscope............................ ... 35
La mégalographie.............................. 36
Les ombres chinoises........................... 36
La lanterne magique............................ 37
Le palais féerique...................... 39
La lunette brisée............................... 40
Le décapité parlant............................ 42

CHAPITRE IV. — EXPÉRIENCES RELATIVES A L'ÉLECTRICITÉ
ET AU MAGNÉTISME.

Le papier électrique........................... 44
La danse du son................................ 44
La pipe valseuse............................... 45
Un éclair dans la bouche........................ 45
L'araignée électrique.......................... 46
Le petit chasseur.............................. 47

La maisonnette incendiée...................... 48
Une boussole économique...................... 49
Expérience de palingénésie.................... 50
Le puits merveilleux......................... 52

DEUXIÈME PARTIE. — Chimie.

Globes enflammés sortant de l'eau.............. 56
Écriture lisible dans l'obscurité............... 56
Liqueur qui brille dans les ténèbres............ 56
Les deux poupées.............................. 57
Le coup double................................ 58
L'eau enflammée............................... 58
Un masque lugubre............................. 58
Recette pour dorer ou argenter l'écriture........ 59
Un volcan artificiel.......................... 59
Recette pour ramoner soi-même ses cheminées. 59
Enflammer deux liquides froids en les mêlant.... 60
Recette pour rendre leur fraîcheur à des fleurs
    fanées..................................... 60
Allumer du feu avec de l'eau.................. 60
La pipe à gaz................................. 61
Comme quoi un et un ne font pas deux......... 62
Procédé pour graver sur verre ou sur métal..... 63
Recette pour graver en relief sur un œuf........ 63
Les serpents de Pharaon....................... 64
Les larmes bataviques......................... 65
L'œuf élastique............................... 65
Procédé pour conserver les fleurs.......... 66
Le briquet de Gay-Lussac...................... 66
Une ingénieuse supercherie.................... 67
Une cristallisation instantanée................ 68
Les végétations métalliques................... 69

La corbeille cristallisée...................... 71
Eaux colorées.............................. 71
Procédés pour substituer une couleur à une autre. 72
Le ruban rose décoloré et recoloré............. 72
Un liquide décoloré et recoloré................ 73
Teindre en rouge avec un liquide incolore....... 73
La rose changeante........ 73
Rendre des violettes rouges, vertes ou blanches... 73
Les encres sympathiques...................... 74
Autres encres particulières................... 76
Crayon sympathique........................ 77
Recettes pour enlever les taches d'encre ou l'écri-
    ture.... 78
La question et la réponse..................... 78
Le caméléon minéral......................... 79

TROISIÈME PARTIE. — Expériences diverses.

Le verre sorcier............................. 80
Amis et ennemis............................ 81
Les aiguilles flottantes...................... 82
Un siphon sans tube........................ 83
La grêle artificielle......................... 83
Les éclairs artificiels....................... 85
Manières de produire l'incombustibilité......... 85
La glace inflammable........................ 86
Un crayon qui coupe le verre................. 87
L'œuf sauteur.............................. 87
Un jet d'eau économique..................... 88
Illumination de l'eau........................ 89
Les gouttes d'eau capricieuses................ 89
L'eau changée en vin........................ 89
La bouteille qui se vide quand on la débouche... 90

Les esprits sauteurs.......................... 91

La poupée à cheval sur l'eau............... ... 91

Le globe hydraulique........................ 92

Le soleil hydraulique....................... 92

Le coq hypnotisé............................ 93

Trouer une planche avec une chandelle......... 94

Transformation soudaine...................... 94

Le marron-veilleuse.......................... 95

Les quatre éléments.......................... 95

L'éclosion miraculeuse....................... 96

Une dame obéissante......................... 97

FIN DE LA TABLE DES MATIÈRES.

7313-94. — CORBEIL. Imprimerie ÉD. CRÉTÉ.